服饰图案设计与应用（第2版）

CLOTHING PATTERN DESIGN AND APPLICATION

主　编　侯东昱　金　玉

北京理工大学出版社
BEIJING INSTITUTE OF TECHNOLOGY PRESS

内 容 提 要

本书介绍服饰图案的基础知识，研究服饰图案设计的普遍规律及表现方法；结合服装设计实践，对服饰图案的组织、色彩配置等进行详细讲解，并着重介绍服饰图案的表现工艺及应用方法。全书紧扣“服饰图案”这一主题，区别于以往单一的图案基础介绍，紧密结合古今中外服饰文化，对服饰图案的设计理念及设计方法进行了具体阐释；并将实际成衣生产中图案的制作工艺与图案艺术设计紧密结合，理论联系实际，实现了服装生产体系“艺”与“工”的结合。

本书可作为高等职业院校服装专业的教材，也可作为服装设计爱好者了解服饰图案设计知识的参考用书。

图书在版编目（CIP）数据

服饰图案设计与应用 / 侯东昱，金玉主编 .—2 版 .—北京：北京理工大学出版社，2022.12 重印

ISBN 978-7-5682-7863-8

Ⅰ . ①服… Ⅱ . ①侯… ②金… Ⅲ . ①服饰图案－图案设计－高等学校－教材 Ⅳ . ① TS941.2

中国版本图书馆 CIP 数据核字（2019）第 253432 号

出版发行 / 北京理工大学出版社有限责任公司
社　　址 / 北京市海淀区中关村南大街 5 号
邮　　编 / 100081
电　　话 /（010）68914775（总编室）
（010）82562903（教材售后服务热线）
（010）68944723（其他图书服务热线）
网　　址 / http://www.bitpress.com.cn
经　　销 / 全国各地新华书店
印　　刷 / 河北鑫彩博图印刷有限公司
开　　本 / 889 毫米 ×1194 毫米　1/16
印　　张 / 8
字　　数 / 209 千字
版　　次 / 2022 年 12 月第 2 版第 4 次印刷
定　　价 / 55.00 元

责任编辑 / 封　雪
文案编辑 / 封　雪
责任校对 / 周瑞红
责任印制 / 边心超

FOREWORD

前言

党的二十大报告为我们擘画了宏伟蓝图，报告指出：要“加快构建新发展格局，着力推动高质量发展”，要“建设现代化产业体系”，“构建优质高效的服务业新体系，推动现代服务业同先进制造业、现代农业深度融合”。新时代新征程，随着社会的发展以及人们生活水平的提高，服饰越来越受到人们的重视。服装作为商品，不仅是一种产品，而且是一种体现服装设计师设计意图和企业文化的载体。因此，越来越多的服装设计师开始重视给服装增添文化色彩。

图案设计是造型艺术设计的基础，是设计思维开发的最好途径。本教材从两方面着手解决服饰图案设计与应用的现实问题。其一是基础训练，主要研究典型图案的风格特征，掌握图案形象设计的基础知识，探讨图案的普遍规律及表现方法；培养学生的设计意识和审美能力，训练学生的造型技能，使其逐渐进入专业状态。其二是专业训练，分为服饰图案设计和服饰面料图案应用两大类。在掌握一定的基础图案知识后，可进一步学习服饰图案设计规律、图案的组织、色彩配置、服饰图案构图和图案在服饰上的应用等内容。培养学生对服装的装饰意识和装饰技能，使学生深刻理解图案与服装的关系，逐步获得独立创造的能力。

本教材编者在教学和科研的基础上，结合国内外服饰图案设计领域各种先进理论和工艺表现技法，对服饰图案的历史渊源、风格流派、构思定位、形式美法则、配色原则、表现技法、加工工艺、应用方法等进行分析研究，并利用大量图片实例对服饰图案设计的各个环节进行了分析说明。

本教材共分为九章，各章皆由知识目标、能力目标、素质目标理论知识讲述、参考图例、思考与训练等内容构成。其体系由浅入深、循序渐进、层次清晰；内容图文并茂，讲解详细，理论联系实际。本教材主要有以下特点：第一，指明了服饰专业图案教学的理论方向及其与艺术设计专业、社会应用的关系；第二，提出的观念、教学内容、课时安排自始至终贯穿着知识、创新和实用的精神，既有国情的针对性，又有国际化的视野，实用、合理而科学；第三，将成衣生产过程中图案的表现技法、加工工艺、印染方法与图案艺术设计紧密结合，理论联系实际，实现了服装生产体系“艺”与“工”的结合。

本次修订增加了课程思政的相关内容，旨在提升学生文化素养和道德修养，传承和弘扬中华优秀传统文化，践行工匠精神。增补课后实训习题，激发学生学习兴趣，巩固课堂知识。同时增加了实践案例及微课视频类资源，便于学生观摩学习，提升职业技能。

本教材的出版得到了出版社领导、编辑和其他工作人员的大力支持与帮助，在编写过程中得到了服装设计专业各位专家、同行的支持和帮助，在此一并表示感谢！

由于编写时间仓促，加之编者水平有限，疏漏之处在所难免，恳请广大专家、读者及同行批评指正。

编　者

目录 CONTENTS

第一章 服饰图案基础知识

知识目标

了解服饰图案的定义。

能力目标

掌握服饰图案的类别、特性以及服饰图案在服装设计中所起的作用。

素质目标

增强学生的专业认同感，培养知行合一的工匠意识。

第一节　图案与服饰图案

服饰图案是“图案”这门学科中重要的一个分支。因此在学习服饰图案之前，首先要了解什么是图案。

一、图案

1．图案的定义

图案是艺术的一种。图案设计是按照形式美的规律，在工艺材料、功能用途、经济条件和社会审美需求等前提条件制约下，充分发挥艺术想象，调动一切可视的图形、色彩、构图、技法，创造出具有实用性和装饰美的艺术形式，从物质上和精神上美化人们的生活。

“图案”这个概念是20世纪前期从日本引进的，是英文“Design”的日译，有“模样”“样式”“设计图”等含义。一方面，“图案”是以产品前期设计规划的形式出现的，其目的在于为具体产品（如建筑、纺织等）绘制精确的图纸；另一方面，“图案”是从满足装饰目的而进行考虑的，主要指器具外表装饰图形的形状、样式、色彩等，对装饰原理进行研究。由此，总结出图案的概念。

图案具有装饰性与实用性，是与工艺制作相结合、相统一的一种艺术形式。图案有两层含义，广义上的图案是指对某种器物的造型结构、色彩及图形构成的设想，并依据材料要求、制作要求、实用功能、审美要求所创作的设计方案，与之相应的是英文“Design”；狭义上的图案是指器物上的装饰图形，相应的英文是“Pattern”。

2．图案的特征

①工艺性与实用性结合。

②艺术性与装饰性并存。

③物质性与精神性交融。

3．图案的类别

图案的特征决定了人们日常生活的衣、食、住、行都离不开图案的影响。可根据不同的分类方式对图案进行分类。

（1）按空间关系分类

①平面图案：指一切应用于平面对象的美术设计，它的表现形式是二维的，包括纺织、刺绣、印染、印刷、广告招贴、商标等。平面图案侧重于构图、形象、色彩、工艺及材料的设计研究。

②立体图案：指针对一切立体形态的美化造型设计，其表现形式是三维的，如日用器皿设计、室内外环境设计等。由于立体图案表现的三维性，所以往往包括结构、三视图等内容。立体图案侧重于立体造型及结构的设计研究。

③用于立体的平面图案：指立体造型的表面装饰，如服饰图案、建筑图案、器皿图案等，是平面与立体的结合，是平面图案的立体表现，主要侧重于解决纹样与立体造型之间的适应与协调问题。

（2）按用途分类

①实用图案：指应用于衣、食、住、行等方面的设施、器材设计图案，如服装、建筑、家具、工业造型等。

②玩赏图案：指应用于可眼观赏、手把玩的器物、装饰物的图案，如玩具、玉器、壁挂等。

（3）按理论研究与实践角度分类

①基础图案：以研究图案的形式美、造型、构成、施色、制作技法的一般规律为主旨，它不受生产条件的严格制约。以方法、技巧、规律总结为主，没有特定的对象。

②专业图案（工艺图案）：染织、服装、编织、陶瓷等实际器物的装饰图案，它受生产工艺的严格制约。

（4）按表现形式分类

①具象图案：即有完整的具体形象的图案。包括写实形和写意形两类。

②抽象图案：即由非具象形象组成的图案。包括几何形和随意形两类。

（5）按构成形式分类

图案按构成形式分类可分为单独图案、适合图案和二方连续图案、四方连续图案等。

二方连续图案是由一个单独纹样向上下或左右两个方向反复连续而成的图案。

四方连续图案是由一个纹样或几个纹样组成一个单位，向四周重复地连续和延伸扩展而成的图案形式。

（6）按题材分类

图案按题材分类可分为花卉图像、动物图像、风景图像、人物图像、几何图案。

二、服饰图案

1．服饰图案的定义

服饰图案，通常称为服饰纹样或花样，即运用在服饰上的图案。“服饰”是近些年才开始使用的

一个词语。它是服装与装饰及装饰物的简称。《中华大字典》这样解释："衣，依也，人所依以庇寒暑也。服，谓冠并衣裳也。"所以从广义上讲，衣就是指服饰。服饰是服装、鞋帽、箱包、围巾、首饰及其他附件、配件的总称。服饰图案是与服饰相匹配的一种装饰状态，是为服饰服务的一种图案设计形式。

服饰图案是服饰设计的灵魂，是赋予物品的一种美的形式。但是在实际生活中，往往将图案和装饰花纹等同起来，甚至以后者取代前者，以致造成概念上的混乱。在实际运用上，许多服装本身似乎并不带有装饰性图案，但整套服装本身就是"整体性装饰"。

2．服饰图案的分类

服饰图案以美化人们的物质生活为目的，这种设计活动是人们的美学思想和精神活动的一种反映，它必须具有美化与实用这两个要素，是物质生活和精神生活结合的统一体，这种属性决定了它的整个艺术构思和创作设计不能脱离具体材料和工艺制作条件的限制，而去追求单纯的美化。为了进一步理解服饰图案的概念，首先要把日常生活和艺术实践中碰到的各种不同的服饰图案加以分类：

视频：服饰图案定义及分类

①按服饰图案所用的材料分：丝绸、棉、麻、化纤、毛、抽纱、锦缎等。

②按服饰图案加工的方法分：染、印、绘、扎、织、绣、编等。

③按服饰图案生产的形式分：机器加工和手工加工。

④按服饰图案的题材分：人物、风景、花卉、植物、动物、抽象图案等。这其中按素材不同又可以细分，如动物可分为龙凤、狮子、麒麟、鹿、象、十二生肖、仙鹤、鹭鸶、鸳鸯等；人物又可分为戏曲人物、神仙人物、历史人物等。

⑤按服饰图案的形式和特点分：平面图案和立体图案。

⑥按服饰图案装饰的形式分：整体装饰与局部装饰。

视频：服饰图案特性与作用

3．服饰图案的特性

服饰图案作为图案艺术整体的一个部分，具有图案的一般特征，但服饰图案作为相对独立的一个门类，有着自己特定的装饰对象、工艺材料、制作手段和表现方法，当然也具有它自己的特殊属性。下面从材料、载体、展示状态、内涵价值和创作方式等方面阐述服饰图案的特性。

（1）纤维性

纤维性是服饰图案适应材料而呈现的一种特性（图 1-1）。

服装的面料（也包括一部分配件、附件）一般主要用两类材料制成：纺织纤维和非纺织纤维。纺织纤维包括棉、毛、丝、麻和化学纤维等；非纺织纤维包括天然皮毛、皮革和人造革等。由于服饰图案大多都是附着在面料上的，因此这两类材料所具有的性状就成为服饰图案的重要质感特征。无论服饰图案所采用的装饰手段是钩、挑、织、编、绣，还是印、染、画、补、贴，都会自然而然地将纤维所特有的线条、经纬、凹凸、疏透、参差、渗延、柔软等材料特性转移、转化为相应的质感和视觉效果。这使得服饰图案往往呈现出一种温厚、柔细、亲和的美感，无论是平面装饰还是立体装饰都具有可触性和可亲性。显然，服饰图案的这种视觉感受与别的物质表面的装饰图案（如陶瓷、金属图案等）是大不相同的。

图 1-1　服饰图案的纤维性

（2）饰体性

饰体性是服饰图案契合着装者的体态而呈现的特性。

服装的一个最基本的功能就是包裹人体，作为其装饰形式的图案，当然毫不例外地与人体有着紧密的关系。人体的结构、形态、部位和活动特点等对服饰图案的设计与表现形式有着至关重要的影响。就通常情况而言，较为宽阔、平坦的背部，宜用自由式或适合式的大面积图案，这可以加强人体背面主要视角的装饰效果。而隆起的胸部和环形的领部，则是仅次于头脸的视线关注部位，所以图案往往要求醒目而精巧。人体几个大关节转折部位的折凹处一般都不装饰图案，这是由人体的活动特点和视觉心理所决定的。此外，人体起伏变化的三维性和可能存在的体态缺陷，还向服饰图案提出了复杂而又妙趣无穷的视差矫正要求。服饰图案与人体往往是相互作用的，图案可提醒、夸张或掩盖人体的部位结构特点，表现人的气质、个性；而人体的结构、部位特点又可使图案更加醒目、生动，富有意趣和魅力。

图 1–2　服饰图案的饰体性

因此，服饰图案不能止于平面的完美，还应充分估计到它穿戴在人体上的实际效果。脱离了人体的特点，服饰图案就成了无本之木。在此意义上讲，与其说服饰图案是饰服的，不如更确切地说它是饰体的（图 1–2）。

（3）动态性

动态性是服饰图案随同装束展示状态的变动而呈现的特性。

着装者是在不断地运动的，作为随服装而依附于人身上的服饰图案随着装者的运动也相应地呈现运动状态。它向观者展示了一种不断变化的动态美。对服饰图案来说，这种变化的动态美，充分体现出服饰本质的审美效果。它融时间和空间于一体，总是处在一种确定又不确定、完整又不完整的辩证状态中。如一件黑白条纹的衬衫，平铺着观赏难免乏味，但穿着起来便会显出无穷的魅力；那些平行均等的条纹因皱褶的出现、运动方向的不同而立刻发生丰富的变化。再如，两块同样的花布，分别被做成床单和连衣裙，我们会发现铺在床上和穿在身上，视觉效果大不相同。这种变化说明了服饰图案与一般装饰图案的区别。显然，床单是以平面的、静止的状态展示效果的，而连衣裙则是以立体的、运动多变的形式呈现于人们眼前。完整的、确定的花布图案由于裙子穿着于人体时而随机出现起伏、皱褶和折叠变化，就显得不那么完整、确定，给人以时变时异的视觉效果。穿戴在运动着的人体上的服饰，其装饰图案常处于一种变动的状态，这是它有别于一般静态装饰图案的一个突出而重要的特性（图 1–3、图 1–4）。

图 1–3　图案的静态装饰

图 1–4　图案的动态展示

（4）多义性

多义性是服饰图案配合服饰的多重价值及服饰自身结构形式的要求而呈现的特性。

一般来说，服饰除具有基本的蔽体和美化价值外，还综合体现着穿着者追逐时尚、表现个性、隐喻人格、标示地位等多样价值要求。因此，服饰图案不仅是服饰的纯美化形式，而且也是蕴含多重价值的重要手段。

作为装饰载体的人的复杂性，决定了服饰及服饰图案要以内涵的多义性来赢得穿着者的认可。通常，服饰图案的设计多是把着装者分成不同的类型来考虑类型化的多义性内涵的。例如，同样是职业女性，则有趋时与自持、文静与豪爽、文化素养高低等差异，因此某一服饰图案就有可能是针对其中某一类型的女性来进行定义设计的。时下流行的那种幽默、大方、明快的漫画式服饰图案，显然包含了都市青年乐观豁达的性格、自信洒脱的态度、快餐式的消费兴趣和比较宽裕的经济条件等含义。通过一定的服饰图案形式，我们能大体揣测到穿着者的爱好、修养和所处层次；也能领悟到一定时期的流行趋势和社会风尚；还能感受到宏观的服饰文化和民族精神。

服饰图案的多义性还体现在审美的主客体关系上。从观者的角度来讲，服饰图案与穿着者合为一体，具有被观赏性，成为审美的对象；从着装者的角度来讲，服饰图案又具有自我欣赏、自我表现的意义。这里审美的主体与客体是一体的。服饰图案的这一特性是其他被观赏图案所不具备的。

服饰图案还可以从服饰自身的结构需要去认识，即不仅作为装饰，而且具有一定的实用功能，如盘花扣、花形插袋、各种系带等。另外，服饰图案还有标示服饰档次和品格的作用。总之，服饰图案的多义性，不仅表现在图案与人的关系上，也表现在图案与物即服饰本身的关系上。

（5）再创性

服饰图案的设计包括专门性设计和利用性设计两大类。专门性设计是针对某一特定服装所进行的图案装饰设计；利用性设计即利用面料原有图案进行有目的的、有针对性的装饰设计。所谓“再创性”是针对后者而言的。

许多服饰都是用带有纹样的面料做成的。但面料图案并非服饰图案，两者之间有一个转化、再创造的过程。正如画家用色彩作画、音乐家用音符作曲一样，设计师选择、利用面料图案，就是在进行设计和再创造。例如，有的设计师用乡土气息浓郁的民间大花被面布做成十分高雅、浪漫的时装，使浓艳粗朴的被面图案转化为既有民族气息又新颖别致的时装图案，这不能不说是独具匠心的再创造（图1-5）。带有同样图案的面料，经设计师的不同构思运用在不同的对象和装饰部位，就会产生不同的审美效果。甚至同一款式的服装用同一图案的面料，由于剪裁、拼接方式的不同，其图案效果也会有很大差异。服饰图案的这种

图 1-5　东北牡丹大花布及对面料图案的再创造

再创性，使得原来单一的面料图案具体化、个性化、多样化，呈现出丰富多彩的视觉效果。如果说一般图案设计都有明确目的性，那么服饰图案的再创造则体现了设计师对现成图案的一种有目的的假借、利用和再设计。

4．服饰图案在服装设计中的作用

服饰图案的运用是服装设计的重要组成部分，主要体现在以下几个方面。

（1）装饰作用

面料图案是一种装饰性和实用性相结合的艺术形式，它以丰富的色彩和独特的造型给人以强烈的视觉冲击力和艺术感召力，丰富了服装所表达的艺术情感与信息内涵。装饰作用是服饰图案最重要的艺术特征，这种特征通过色彩的主观性、造型的艺术化、材料与制作工艺的多样化来体现。从造型语言和具体表现形态上看，它的构图、造型、色彩及动势、透视等，均以条理化、图案化、理想化的手法进行处理，取得迥异于自然的装饰效果。服饰图案可以运用附加、层叠、堆砌、混入等各种手法，达到其特殊的装饰效果。

服装作为一种装饰形态，艺术性体现在装饰性之中。服饰图案的运用必须适量、适体，两者必须兼顾，缺一不可。如果装饰过分会有画蛇添足之感，显得累赘、多余；若装饰不够，又缺乏强烈、鲜明、感人的艺术效果，丢失了服装的多样性和个性，满足不了消费者日益增长的审美需求。

（2）造型作用

服饰图案的造型是指根据设计者的构思，选择适当的素材，并加以图案化，或以传统、外来的图案为基础加以改造利用。图案造型分为具象、意象、抽象等类型。具象造型是在素材自然形态的基础上加以整理而成，接近自然的造型，而自然界中一些本身具有较强形式感的因素，如某些结晶体、对称规则的花叶、大理石的纹样等，都可以直接运用到图案设计中；意象造型是指简化了自然形态，甚至摆脱了自然生长规律，较多地注入了人的想象，从而具有不似自然胜似自然的特色；抽象造型是把自然形态归纳概括为点、线、面等纯几何形，用最简练的图案语言来表现自然，在彩陶纹样中就有许多这一类型的范例。

服装造型的过程实质上是将设计意图物化表现的过程，是将服装物质材料有机转化为成品的完美过程，这一过程通过对服饰图案和服饰材料的选配、加工、整形、外观处理等方法，使之成为服装样式的有机构成。当服装造型的主观感觉与客观物质材料的应用技术有机结合，便呈现出千姿百态、变化无穷的服装样式，从而使服装造型尽善尽美。

（3）分割作用

在服装设计过程中，利用服装图案进行排列、组合、分割，从而形成各种不同的艺术风格。这也正是服装造型的节奏感和韵律感之所在。

服装图案造型的分割性是由点、线、面的不同组合搭配起来完成的。点、线、面是服装构成中不可缺少的重要元素，是服装的灵魂。点在空间中能起到标明位置的作用，并具有注目、突出、诱导等功能。如果把点所处的位置综合起来看成是一个几何形图案，并运用得法，就可以打破服装呆板、缺少变化的视觉效果，具有众星捧月、烘托主题的特点。例如，服装上采用一粒纽扣作为整套服装的装饰点时，那么这粒纽扣的质地、大小、色彩、造型，就起到一种突出扩张和吸引人们视线的作用；若将纽扣按等距离尺寸排列，则整套服装显得安定、平衡；若将纽扣沿着斜门襟进行装饰，人们视觉的连贯性就会使这些装饰物具有一定的运动感，并起到分割服装块面的作用。

线是点平移的轨迹，是立体的界限或立面。服装上的线是服装造型设计中最丰富、最生动、最形象的艺术组成部分。在服装设计中，体现造型的线有内部分割线、构造缝制线、款型轮廓线、镶嵌拼接线，所有这些线构成了服装生机勃勃的几何图形。线的视觉吸引力是随着线的方向而动的。线通常分为直线和曲线两种。直线中的水平线使人感到左右方向的伸展力，穿着横条纹的服装具有横向扩张感；垂直线和斜线构成的几何形，则分别使人感到上下和斜上斜下的伸展力，使用纵条纹

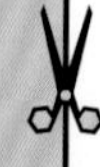

的服装具有向上扩张的动感。曲线由于长度、粗细、形态以及线的量感、角度的不同，使服装具有温和、缓慢的动感，也使着装者在行走中富有节奏和韵律感，呈现出丰满、柔软和女性化的特质。

面是线的移动轨迹，是具有长度、宽度而无厚度的二维空间。面与面之间有大小、厚薄、距离等，能产生忽轻忽重的视觉效果。面的分割、变化构成了服装的大轮廓，体则是面通过立体形态多轴线、多视面的运动和转化所产生的多维空间。

（4）强调作用

实现强调作用最有效的方法是形成视觉中心。成功的视觉中心设计，具有画龙点睛的效果，它不仅赋予了服装生命力，还给人留下深刻的印象。例如，在结合面料图案进行服装设计时，单独大花型图案大面积出现在服装上时，在空间上起到了一定的视觉引导作用，吸引了观者的视觉，就形成了所谓的视觉中心。

服装的心理视觉稳定中心或称设计的视觉中心，是视款型、色彩、面料及穿着方式的不同而发生变化的，因此，在应用时要有明确的目的性。

5．服饰图案在服装设计中应用的意义

服饰图案应用的意义在于增强服饰的艺术魅力和精神内涵。它是通过视觉形象的审美价值，或种种人文意蕴的指征功用价值具体表现出来的。由于人们对服饰的需求日益趋新、趋变、趋向个性化，而服饰图案能以其灵活的应变性和极强的表现性来适应这些需求，所以其广泛应用的意义愈显重要。服饰图案需要及时、鲜明地反映人们的时尚风貌、审美情趣、心理需求。一个服装设计师，有必要对服饰图案的应用意义保持清晰而全面的认识。

（1）美与文化的体现

“人与其他动物的本质区别不在于人穿衣服，其他动物不穿衣服，而在于人能脱掉衣服，其他动物则不能做到这一点。”（弗里克·吉尔《衣服论》）如果说服装使人类从荒蛮走向文明，那么服饰图案就是创造服装艺术价值的重要手段。

在中国民间，女孩子常以穿“花衣服”为美，这里的“花”指的就是衣服上的图案，图案美化、装饰了衣装，有了图案的衣服便具有了超越实用功能的美，因此，无论什么民族，多么偏僻地域的简陋村寨，其服饰都有着各种各样的图案。对美的追求是人类的共性，世界的每一个角落都有着独特的、丰富多彩的服饰文化，服饰图案加强和突显了这种文化间的差异，使民族的艺术个性充分表现出来。

（2）时尚舞台中永远的流行

作为服饰中重要的造型元素——图案，是形成服饰风格不可缺少的手段。不同的图案内容、形式、表现手法，加上工艺与材料的变化，营造出或精致而古典、或粗犷而现代的风格……使服饰因图案而千变万化，是表现设计师个性、区别各民族间文化与审美差异，甚至是时代标记的重要构成因素。

国际服饰流行权威机构会在每一年做出图案的流行指导方案，成功的服饰图案塑造和强化了服饰文化的内涵。服饰也因此令人过目不忘。可以说，服饰图案有着其他任何造型元素不可替代的功能和作用，是时尚舞台中永远的流行元素。

第二节　服饰图案的学习目标和学习方法

一、服饰图案的学习目标

服饰图案的学习可以分为两个阶段：即基础图案的练习设计和服饰图案的练习设计。基础图案主要是解决图案设计中一些一般规律性的问题而进行的系统、全面的适应性练习，从而为第二阶段服饰图案奠定设计的基础，它也是整个艺术设计专业的基础，其中包括平面和立体的基础，既包括具象的自然形，也包括几何形和其他抽象的形等。服饰图案主要是解决专业设计的特殊规律，使图案的训练实用化，即结合物质材料、工艺加工、具体用途进行设计。基础图案和服饰图案是相对而言的。前者体现图案设计的共性，后者体现服饰图案设计的特性。

服饰图案的学习目标具体有以下几点：

①能阐明服饰图案的原理和艺术上的特点；

②能运用形式美的法则解释各种服饰图案的现象；

③能透过工艺制约认识服饰的共性；

④培养和提高创意的想象力和表现力；

⑤掌握各种服饰图案的构成、组织原理，进行适应性训练；

⑥研究古代的、民间的和外国的服饰图案，提高鉴赏力；

⑦积累设计素材。

这七个目标是互相作用的，通过学习，锻炼一种综合的设计能力，而不是仅仅解决某种技能问题。

二、服饰图案的学习方法

任何一种学习方法的获得都不是凭空就能创造出来的，而是需要经过一定的基本训练过程，并且要有一套系统的、科学的学习方法。学习图案设计也同样如此。学习渠道是多方面的（譬如有许多服饰设计人员连写生都不会，但也能设计出好的产品来，他们有许多宝贵的实践经验值得我们学习），有些青年徒工在很短时间内，靠透明纸也能设计出好的产品来。但作为一个艺术者，我们应该对自己提出更高的要求。

①经常在生活中观察体会，向大自然吸收素材，为图案创新做好准备。

②在生产工艺加工过程中，理解创作图案所应注意的“适应性”，使创作结合生产需要。

③图案语言的“群众化”、图案式样的“民族化”、图案技巧的“装饰化”是图案的特点，必须做深刻的研究。

④要善于借鉴古人、借鉴国外的优秀作品，提高自己的图案创作水平。

思考与训练

1．服饰图案的定义是什么？

2．服饰图案有哪些特征？

3．服饰图案对服装设计能起到哪些作用？

中国戏曲服装图案

第二章 国内外传统服饰图案

知识目标

1. 掌握我国历史各时期服饰图案的特点；
2. 了解国内外传统服饰图案的历史渊源；
3. 熟悉国内外传统服饰图案的艺术风格特色。

能力目标

能够准确辨别不同国家、地区的传统服饰图案。

素质目标

了解不同国家图案的意识形态属性，培养艺术体验能力，提升文化素养，强化中华优秀文化价值认同感。

第一节　中国服饰图案的发展历程

中华民族五千年的文明留下了无数精美的艺术设计作品。就图案而言，随意选择一幅数千年前的造型，就足以令今天的设计师惊叹。但由于材料的原因，这些纹样主要保留在陶、瓷、玉、青铜等硬质材料上（图 2-1）。

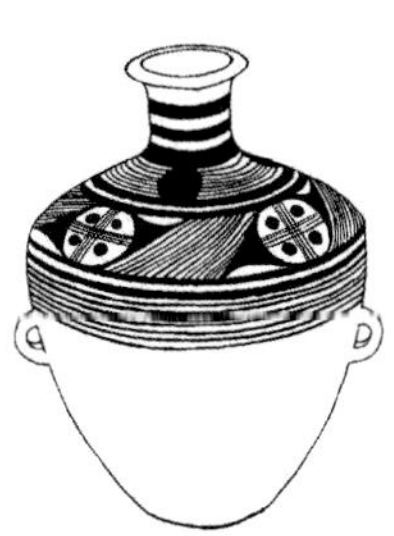

图 2-1　彩陶纹样

服饰图案是与历代染织工艺的演变同步发展的。

一、新石器时代

根据半坡、庙底沟、山东城子崖出土的陶纺轮、石纺轮、骨梭以及在庙底沟和华县泉护村发现的每平方厘米有经、纬线各十根的布痕来分析，到原始社会末期，缝纫技术有了显著的进步，已出现了原始的纺织技术。1958 年，在浙江吴兴发掘出的新石器时代的遗址中，发现了一批盛在竹筐中的丝织品，包括绢片、丝带、丝线等。经有关部门鉴定：原料是蚕丝，绢片是平纹组织。1958 年，在江苏吴江梅堰遗址中出土的黑陶上发现有蚕纹。以上文物为研究新石器时代的染织工艺提供了实物资料。也足以证明我们的祖先早在四千多年之前，就已经开始了种桑养蚕，我国是染织工艺发展最为久远的国家之一。

图 2-2　蚕纹

二、商周时代

到了商代，蚕桑、丝织技术已经相当发达，并出现了提花织物。在商代墓中出土的铜器上面残留着带雷纹的绢痕，是迄今发现的古代织物中最早的一件提花织物。在商代的青铜器上有“蚕纹”形象屈曲蠕动（图 2-2）。1975 年春，在陕西省宝鸡市西周前期的奴隶制葬墓中发现了一批仿照真蚕摹刻的玉蚕，这些玉蚕雕工精炼、形象生动。在《诗经》中，也有不少描写养蚕、织帛、染色和奴隶主服装的词句，如“妇无公事，休其蚕织”等。从一些古墓发掘中发现的丝织物印痕上，证明“绮”是西周乃至整个奴隶社会的主要织物品种。另外，从陕西宝鸡西周墓中发现的刺绣痕上附着有颜色可以说明，当时人们已经成功地掌握了颜料制作技术，并运用到染色中。

图 2-3　龙凤虎绣纹（战国）

三、战国

战国时期的染织工艺继商周之后，有了显著的发展，并且开始注重染色和纹饰的装饰效果。当时山东一带的“齐纨鲁缟”是“冠带衣履天下”的著名产品。中华人民共和国成立后先后在河南信阳、湖北江陵、湖南长沙等地出土了一批战国时期的纺织品，为我们提供了实体的形象数据。中国科学院考古研究所在《长沙发掘报告》中关于战国时期的丝、麻织品有十多项详细的记载，其中的细麻片经纺织部门鉴定：经纱每 10 厘米有 280 根，纬纱每 10 厘米有 240 根，经纬密度比现在的细棉布还要紧密，如图 2-3 所示。

四、秦代

秦代丝织迄今发现的实物资料较少，但从秦都咸阳第一号宫殿建筑遗址发掘的丝绸来看，虽然大多数是平纹织法，但质地细致，并已出现了锁绣，这为以后汉代丝织技术的发展起到了承上启下的作用。

图 2-4 “长寿绣”黄绢残片（汉）

五、汉代

汉代的染织工艺，特别是织绣工艺有了很大发展，达到了比较成熟的阶段。“丝绸之路”的开通，促进了中外贸易往来，也促进了染织工艺的发展。当时“缯帛”是丝织品的总称，但细分则有纨、绮、缣、绨、绅、缦、绫、绢、素、缟、锦、纱等。名目不同，织染的工艺也有区别，因而品质和艺术效果也各有差异。“绢”是当时使用最多，也是较一般的织物，采用平纹织法。而“锦”是汉代最高级的丝织品，它以经纬提花重经双面效果形成华丽的外观。在能体现西汉时代染织工艺水平的实物资料中，最有代表性的是湖南长沙马王堆汉墓出土的遗物。从一百多件染织品中，仅凭视觉能够识别的颜色就有一二十种之多。染织工艺加工技法有织花、绣花、泥金银印花、印花敷彩等（图 2-4、图 2-5）。其中有一件素蝉衣薄似蝉翼，这样轻而薄的素纱织物突出地反映了两千多年前的缫纺蚕丝的高超水平（图 2-6）。此外，锦类中的“起毛锦”也是汉代织造工艺高水平的代表作。能体现印染水平的代表作有印花敷彩纱、泥金银印花纱。前者用朱红、粉白、墨、银灰、深灰五种颜色印出藤本科植物的变形纹样，用线婉转自如、穿插自然；后者用均匀细密的银灰色、银白色的曲线和金色及朱红色的圆点构成图案纹样，线条光洁、套印准确、十分绚丽精美。这两件作品已在夹缬、绞缬、蜡缬之上。在新疆民丰东汉墓中出土的有“万事如意锦男袍”“延年益寿锦枕套”“联珠对孔雀纹锦”，以及故宫博物院收藏的新疆境内出土的“登高明望四海锦”“长宜子孙锦”“斜绞锦”等多件作品都是那一时期的代表作。还有几件粗布毛巾的细腻程度已接近苗族的蜡染。这充分说明我国印染技术到两汉时期已达到比较成熟的阶段。周墓中还出土了几件当地织造的彩色毛毯，织造的方法已和今天的技法完全相同。表明了当时当地高度的毛织水平，也反映了西北兄弟民族地区与中原地区的密切联系。

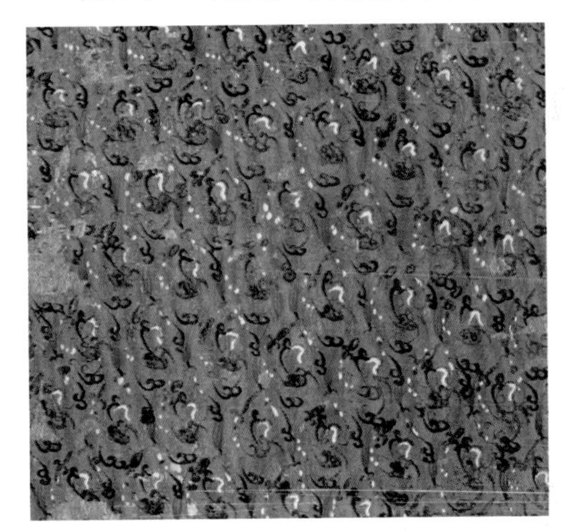

图 2-5 印花敷彩纱（汉）

图 2-6 素纱禅衣（汉）

六、南北朝时期

南北朝时期的丝织物中出现了纬线起花锦。纬线起花工艺比经线起花工艺复杂，但操作方便，能织出比经线起花锦更复杂的花纹以及布幅更宽的作品。在“丝绸之路”上相当于北朝时期的墓葬中，不断发现极为精致的平纹经锦。有用赭、绿、宝蓝、黄、白五色织成的“菱纹锦”，有用绛、绿、宝蓝、淡黄、白五色织成的“树纹锦”，还有用褐、绿、白、黄、蓝五色织成的“兽纹锦”。这种织锦用色复杂，提花准确，锦面细密，质地较薄。同期墓葬中还发现了不少精致的斜纹绮，如“套环对鸟纹绮”“套环贵子纹绮”等，纹饰比汉绮复杂，质地也更加薄细透明。更值得注意的是，在北朝的遗址中，还发现了一件织花毛毯。这件毛毯的花纹采用的是缂丝工艺，即采用通经断纬的方法织造出来的，充分显示了我国西部地区毛织工艺在北朝时已达到相当高的水平。印染工艺在这一时期除蜡缬、夹缬以及绞缬三种染色技术非常流行外，还兴起了杂缬。汉代蜡缬色彩是比较单纯的蓝底白花，到晋以后就能应用十余种颜色了。1959 年和 1967 年分别在位于莱克古城和阿斯塔那的古墓中发现了这几种染法的丝织物。其中以绢为最多，图案多半在红地上显出一行行白点花纹（图 2-7）。

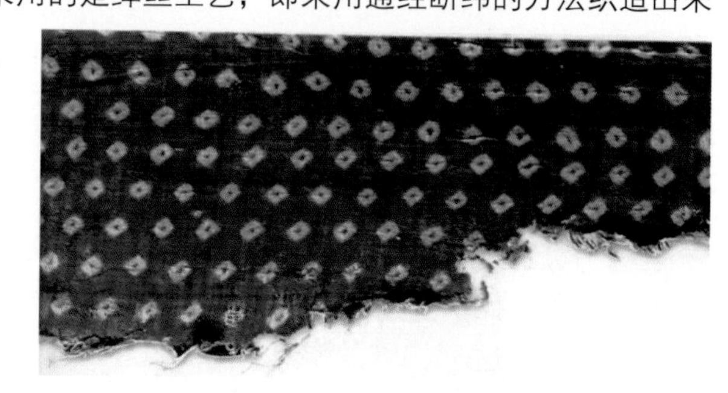
图 2-7　北朝绞缬绢（扎染）

七、隋、唐时期

隋、唐时期的染织工艺有了新的发展。由于发明了纬线提法，织锦锦纹的配色和图案更加丰富多彩。隋代的丝织遗物迄今还没有重大发现，但在史书论述中，有这样的描述：隋炀帝对洛阳西苑的经营和沿运河南游的铺排，除衣物之外，连拉船的彩绸、树上的绢花都是丝织品。这样的挥霍浪费，如没有大量的生产是难以保证的。

唐代的丝织产地遍布全国，花色品种也极为丰富。仅绫一类，各地就有很多品种。其中最著名的是缭绫，其由白、青两色丝织成，费工很大，使用的丝很细，质很轻，是皇室内做舞者衣裙的原料。另外，还有一种最轻的印花薄纱，据说，由于它质轻，几乎没有重量，如果穿在身上，好似披雾一般，因此取名“轻容”，这便是传到今天的“亳州纱”。此外“彩条斜纹金锦”、大型织物“红线毯”都表明了当时丝织物的高超织造水平。除了这些丝织品外，唐中宗爱女安乐公主曾穿用百鸟毛织成的毛裙，正看一色，倒看一色，白昼看一色，而且百鸟形状均显裙上，表现了劳动人民的智慧和技巧。唐代丝织物中的蜡缬、夹缬和绫缬的广泛运用，在染缬工艺方面开辟了新的天地（图 2-8、图 2-9）。

图 2-8　联珠鹿纹锦（唐）

图 2-9　联珠对鸡纹锦（唐）

八、宋代

宋代染织工艺又达到了一个新的水平。在有关的文献中有很多记载着宋代织染工艺的发展。如宋人周密的《齐东野语》等书，都记有详细的资料。另外，一些书上还记录着当时织、染方面的管理和产地的概况。北宋时在开封、洛阳、益州、梓州、湖州等地都设有大规模的丝织作坊。南宋以苏州、杭州和成都三大锦院最为著名，院内各有织机数百台，工匠数千人。花色品种更加丰富，仅彩锦一类，北宋已有四十多种，到了南宋发展到百余种（图2–10）。除了衣物之外，以绫、锦装裱的书画、经卷在宋代也颇为流行。宋代宫廷贵族和地主阶级搜罗书画和玩赏工艺之风大盛，加上工商经济和对外贸易的需要，促使从汉魏以来的织成锦和唐代的缂丝等高级产品进一步发展提高，取得了很大成就。“缂丝”又称“剋丝”或“刻丝”，织物织面有空隙，有镂刻效果。宋代的缂丝技术已经能够“随心所欲作花鸟禽兽状”，原来丝织品无法表现的绘画技法、画墨晕色也都能得以体现。宋代缂丝能手沈子赛、朱克柔等人的作品传世较多（图2–11）。绫是宋代生产较多的丝织品之一。在西夏陵区108墓出土的丝织品中，有新品种“异向绫”和“工字绫”。“异向绫”摆脱了一般绫物单向左或右斜的规律，而把左斜和右斜对称地结合起来，巧妙地组成隐约的“S”形斜纹。“工字绫”表面残留着敷彩和印金粉的痕迹。宋代还出现了“茂花闪色锦”，是将无须染色的部分用物包扎，用线绕紧，再浸到染液里染色而成。两端染液浸透比较慢，形成由浅入深的色泽，层次丰富，艺术性较强。

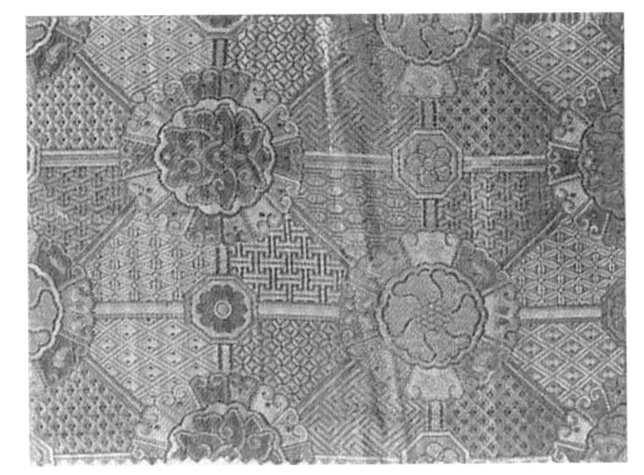

图2–10 苏州宋锦（宋）

图2–11 苏州缂丝（宋）

九、元代

元代空前统一，交通扩大，贸易增多，使得染织工艺在汉、唐、宋的基础上又得到了新的提高。元代棉花栽培地区的扩大，促使了棉纺织业的兴起与发展。元代劳动人民出身的纺织家黄道婆为当时棉纺织业的发展做出了很大的贡献。这一时期的印染工艺又创造了浆水缬和药斑布，使我国印染工艺达到了更高的水平。总之，元代的染织品在质量、产量和品种上都有大幅度的提高。尤其是棉纺织业的大发展，对封建社会后期的国民经济起到了很大的推动作用（图2–12）。

图2–12 灵鹫纹织金锦（元）

十、明、清时期

明、清时期的染织工艺在当时特定的历史条件下，顺应历史的规律而向前发展。劳动人民在继承民族传统的基础上，革新创造，使织物品种更加繁多，工艺水平日益提高，内容也比过去丰富得多。明、清丝织物遗存较多，除了故宫中遗留的珍贵文物外，社会上常见的是书画装饰和经卷封面。据统计，全国现存经卷上的丝织物不下二十万件，花色品种在数百种以上。其中最著名的是“落花流水锦”，用起伏翻腾浪纹的变化多姿组织得紧密生动，颇为精雅。明、清两代锦织品最好的是南京织造的质地厚重的云锦和苏州织造的质地较薄的杂锦。南京云锦又称“明锦”，以“织金缎”和“妆花缎”著称。苏州织造的杂锦则以“仿宋式织锦”最有名。明代丝织有“改机”之称，“改机”是明代福州的机织工人林洪所创制的。它是以四层经丝和两层纬线织成的双层提花交织物，质薄、润滑、柔软，尤其以双面花纹相同为其特点。它分“二色”“五彩”“织金”三个品种，也可用作服饰和书画的装裱。现依据出土文物考察，此种织法在唐代已出现，只是在明代林洪提出之前，没有盛行起来。“妆花缎”也是明代丝织工艺的重大成就。它是由过去的“织金缎”发展而来的，是14世纪的新品种。它是在实地纱或方目纱上提花加金彩制成的，如现存的“天鹿月桂妆花纱”就是明代杰出的代表之一。明锦的图案装饰以造型严谨、用线挺拔、形体结实而别具特色。其图案的题材大部分采用花卉的折枝和穿枝组合形式，其中花卉多以莲花、宝相花为主，装饰风格堂皇富丽、饱满多姿。缂丝到了明代在苏州继续生产，除了当时宫廷织造与专用外，民间也出现了作坊，并在苏州的一些地方逐渐发展成为农民的副业生产，使这项工艺得以进一步发展，并创造了“双子母经”缂法。发展到清代则能运用多种缂法，同时用画及绣来弥补缂的不足，使艺术效果更为丰富。毛织工艺到了明代逐渐由甘肃、陕西、华北渐次传入中原地区。至清代逐渐在京、津地区形成和发展，在织造工艺上吸取缂丝中部分手法，并逐渐形成其独特的艺术风格。印染技术由于纺织业的日益发展而相应地提高，明清两代各式印染丝绸、棉布更加普遍地在中国各地流行。《天工开物》中记载的当时染制的颜色多达四五十种。不仅有单色花布，而且还能制造各色浆印花布。尤其是质朴的蓝印花布深为劳动人民所喜爱。在封建社会后期，各兄弟民族的染织工艺也各有特色。如藏族的栽绒褥子；蒙古族、维吾尔族、回族的地毯、挂毯；傣族的织锦；僮族的“僮锦”；其他如“侗锦”、土家族的“被面”，苗族的“蜡染”等也都有较高的艺术价值，如图 2-13 至图 2-16 所示。

从历代染织工艺的发展来看，我国服饰图案设计有着悠久的历史，前人为我们在染织工艺和服饰图案设计上积累了丰富的经验，留下了宝贵的遗产。从古至今，服饰作为人类形象外在的表征，其风格化、个性化、民族化的艺术魅力集成了具有丰富的感性和理性内涵的服饰文化。这种与人类生息共存、形影相伴的文化现象，是民族、宗教、信仰、民俗、文化、艺术、社会、经济乃至意识形态等多层因素通过服饰语言的生动映现，而依附于服饰之上的服饰图案艺术也必然积淀下来。

图 2-13　万历绿地云蟒纹妆花缎（明）

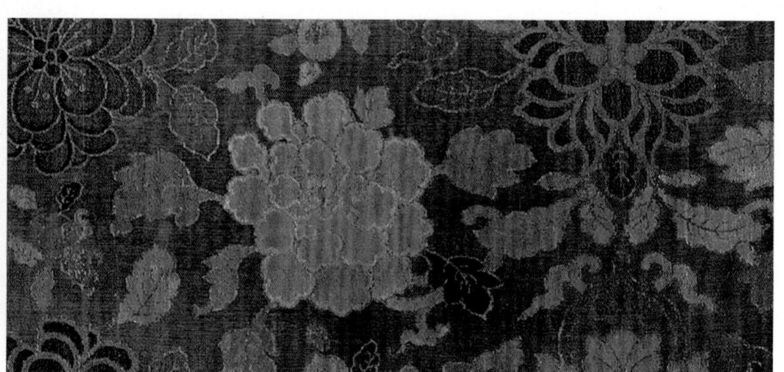

图 2-14　嘉靖墨绿地折枝花卉妆花缎（明）

图 2-15　乾隆皇帝缎绣云龙纹袷朝袍（清）

图 2-16　女衫图案装饰（清）

视频：中国传统图案

第二节　中国传统图案

我国传统图案有着悠久的历史，在岩画、器物、雕刻、编织、刺绣、剪纸、绘画、建筑等方面都有所体现，并且内容极其丰富，呈现出各种各样的风格。

一、彩陶图案

彩陶图案的题材极为丰富，有植物纹、人面纹、鱼纹、蛙纹、鸟纹、几何纹等，大多是由原始人从渔猎和农业劳动中获得的素材，或由对日、月、水、火、山、石等自然形象和劳动工具的观察、接触、认识中创作出来的（图 2-17、图 2-18）。

图 2-17　彩陶

图 2-18　利用彩陶纹样设计的刺绣图案

二、青铜器图案

青铜器的发明，表明了人类生产力的显著提高。我国的青铜器一般分为礼器和日常器皿，其图案的题材主要有饕餮纹、鸟纹、几何纹等（图 2-19、图 2-20）。

青铜器图案是图案历史中几何图案意趣发展到最高阶段的产物，无论是饕餮纹、鸟纹还是象纹等，都是在高度几何化的规范内进行变化的，其构图非常严谨，往往用抽象和象征手法表现物象。到了战国时期，饕餮纹开始向写实过渡。

图 2-19　青铜器纹饰

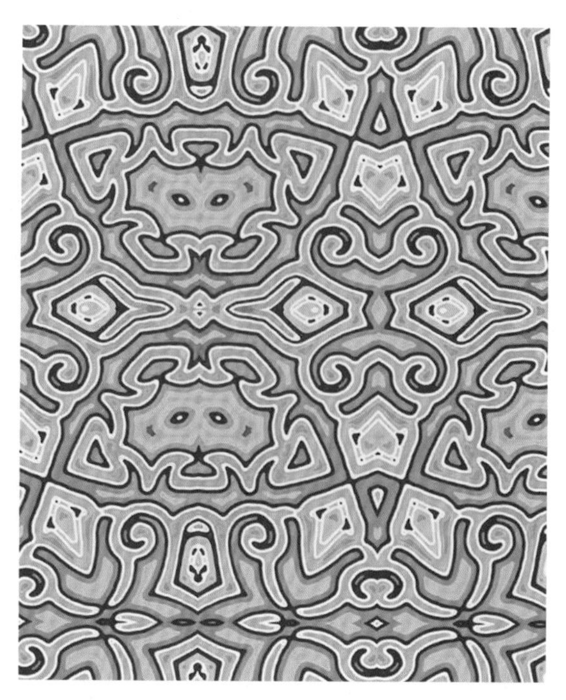

图 2-20　利用青铜器纹饰设计的服装面料

三、秦汉瓦当图案

瓦当是中国古建筑中屋檐顶端的盖头瓦，起庇护屋檐及装饰作用，以秦汉时期的瓦当图案最为精美，且种类繁多。瓦当图案以动物、植物、文字符号和几何纹为多，取材多与吉祥等有关，图案造型简洁单纯、生动自然，比较典型的有四神纹、鹿纹及文字瓦当（图 2-21、图 2-22）。

图 2-21　瓦当拓片

图 2-22　饰有瓦当图案的服装

四、民间剪纸图案

剪纸可分为阴刻和阳刻两种。从色彩上看，剪纸有单色和彩色之分。其造型特征遵从创作者的主观意念，用多样组合的方法来表达创作者的美好愿望（图 2-23）。

利用剪纸图案进行服装图案设计，可以使服装具有强烈的民族特色（图 2-24）。

图 2-23　剪纸

图 2-24　饰有剪纸图案的服装

五、吉祥图案

吉祥图案是依中国传统思想所产生的带有吉祥含义的各种题材的图案总称，如松、竹、梅等植物图案，鹤、龟、凤凰等动物图案，以及其他各种带有吉祥含义的宝物。可以说，吉祥图案是我国古典图案的代表。吉祥图案表达了人们庆贺吉利、祈求幸福等美好愿望和对幸福生活的企盼，具有表示祝贺和愿望的双重含义。它不仅能给人以视觉上的美感，还能给人以精神上的享受（图 2-25）。

图 2-25　中国吉祥图案

1．吉祥图案的分类

中国的吉祥图案，从内容的象征性上看，其内涵极为丰富，大致可分为以下几种类别：功名富贵、多喜多福、多子多孙、夫妻和气、健康长寿等，如表示喜的图案常用喜鹊、喜蛛，因为两者都带有“喜”字。梧桐与喜鹊在一起组合的图案称为“同喜”，蜘蛛网上垂挂下一只喜蛛，称为“喜从天降”。

从形象或装饰意向的角度来看，吉祥图案分为动物纹、祥禽瑞兽纹、植物纹、人物纹、风景纹、几何纹等。这些吉祥图案一般不只是对自然属性的摹写，而是更强调理性观念的形体，具有特定的象征寓意。

2．吉祥图案的表现手法

吉祥图案的表现手法大致可归纳为谐音、寓意和符号三种。

（1）谐音

谐音即借音而述意。如“金玉（鱼）满堂”——金鱼和金鱼缸；“平（瓶）安如意”——花瓶中插着玉如意。

（2）寓意

寓意指借一件物体或一组画面暗喻美好的事物。例如过去的“四合如意”——由四个云卷状的如意头组合而成的图案，象征事事如意，四合即四方之意。“三多”——由佛手、石榴、寿桃组合的图案。佛福谐音，寓意多福；石榴寓意多子，寿桃寓意多寿。“万事如意”——由两只玉如意和万字格底纹组成的图案，万字格寓意万事等。

（3）符号

由于民间美术创作的观念是个体意识与集体意识的统一，集体意识是一种传承已久的集体心智，它通过主体的实践活动历史地向客体渗透，致使那些与人的切身利益相关的客观对象逐渐固定化为观念的替代物，成为特定符号，如万字不断头，唐代武则天在长寿二年采用，有吉祥万福之意，延伸绘出各种连锁花纹，意为绵长不断、富贵不断头之称。除此之外，后人在工艺制作中将图形进行了变化，主要有万代盘长、四合盘长、葫芦盘长等。总之，在漫长的岁月里，先民们创造了许多反映追求美好生活、寓意吉祥的图案。这些纹样以神话传说、民间谚语为题材，表达了人们对于平安和谐、幸福自由生活的祈盼。

3．有代表性的吉祥图案

在我国最有代表性的吉祥图案有以下几种。

（1）龙凤呈祥

中国古代以龙象征权威、尊贵，以仪态端方的凤象征美丽、仁爱。两者结合则是太平盛世、高贵吉祥的表现，之后人们又把结婚之喜比作“龙凤呈祥”，也是对富贵、吉祥的希望和祝愿。

（2）鲤鱼跳龙门

古代有“每年春季有鲤鱼数千争赴龙门山下，多能跳跃。而能上者为龙，不能上者则为鱼”之说。以后以“鲤鱼跳龙门”来比喻旧时科举制度下的中考者，赞美其光宗耀祖的荣耀。

（3）五福捧寿

五福捧寿，是民间流传极广的吉祥图案，五只蝙蝠围住中间一个寿字。“蝠”与“福”同音，故历来被视为吉祥物而广泛用于人们的装饰上。五福之意：一曰寿，二曰富，三曰康宁，四曰有好德，五曰考终命。也就是一求长命百岁，二求荣华富贵，三求吉祥平安，四求行善积德，五求人老善终（图 2-26）。

图 2-26　五福捧寿

（4）凤鸣朝阳

凤凰立于梧桐树旁，对着初升的太阳而鸣。这在古代寓意着天下太平。也比喻高才遇良机，福星高照，将要飞黄腾达。

（5）连年有余

因为“鱼”和“余”谐音，指人们的生活很富裕，是一种吉祥、富贵的象征。

（6）三阳（羊）开泰

三阳开泰指三只羊仰望着天空中的太阳，开泰是交好运、有好运气的意思，“羊”与“阳”谐音，又是吉祥的祥字略体。这种寓意在民间广为流传。

（7）福在眼前

表示福的图案常用蝙蝠、古钱币等，如纹样中两只蝙蝠在古钱币的两侧，称为“福在眼前”。

（8）麒麟送子

麒麟是传说中的神兽，与龙、凤、龟称为“四灵”。象征吉祥和瑞。

（9）金玉满堂

金鱼和藻纹填满圆形空间。借“玉”与“鱼”、“堂”与“塘”谐音，组成金玉（鱼）满堂（塘）的图案，象征富有、幸福，也比喻才能出众，学识渊博。

（10）年年大吉

纹样由两条鲶鱼和几只橘子组成。以“鲶”与“年”、“橘”与“吉”谐音，表示年年吉祥如意的愿望。

（11）凤戏牡丹

牡丹与凤凰自古以来在人们的意识中都是美好之物。把牡丹与凤凰放在一起，构成凤戏牡丹的图案，更增添了凤鸟的优美情趣，是人们喜闻乐见的吉祥图案，象征着富贵和幸福。

（12）百鸟朝凤

“百鸟朝凤”是我国民间流传甚广的美丽神话故事。民间以此象征吉祥和喜庆，来歌颂幸福的生活。

（13）鸾凤和鸣

鸾是中国古代传说中凤凰一类的神鸟，传说中凤凰是能使天下太平的吉祥鸟。又传说，鸾与凤的组合常以一雄一雌为象征，比作夫妻相随。鸾凤和鸣即是比喻婚姻美满、夫妻和谐，是民间流传的吉祥祝词。

（14）六合同春

中国古代所指的“六合”为天、地及东、西、南、北四方。图案借象征长寿不老的“鹿”与“六”、“鹤”与“合”谐音，并与桐树一起组成一幅寓意普天之下太平盛世的吉祥画。

（15）太平有象

象力大魁伟、性情柔顺。古代传说佛从天而降是乘象而来的。因为象与圣人下降相联系，又谐“祥”之音，因此在我国传统习俗中象代表吉祥。

在装饰上与象组成的图案很多。例如过去的“太平有象”图案是象背上驮一宝瓶。宝瓶专装“圣水”，“圣水”洒向人间能带来祥瑞，象征天下太平。因此太平有象即表示和平、美好和幸福。又如，象与如意组成图案，称为“吉祥如愿”，是福禄康宁、美满如愿的象征。

（16）麟凤呈祥

中国古代人们把麒麟、凤凰在一起视为天下太平的象征。

（17）丹凤朝阳

图案“丹凤朝阳”是美丽的凤鸟向着一轮红日，它象征美好和光明。在《诗经》中，以丹凤比喻贤才，朝阳比喻“明时”，因此“丹凤朝阳”又比作“贤才逢明时”。

（18）鱼龙变化

“鱼龙变化”是中国古代民间流传的吉祥语言。它意味着人需力图上进，有待来日定能一跃龙门而飞腾成龙。此图案以鱼龙的变化来比喻贫穷者也有能变为富贵者之日，表示对有志者的良好祝愿。

（19）松鹤延年

鹤与青松在中国的传统习俗中都是长寿的象征，古称千岁鹤、不老松，因此，松鹤图在装饰上寓意永远年轻、长寿。

（20）一路连科

鹭在古代也属吉祥鸟，它曾是六品文官的服饰标记。在装饰上应用也很多。“鹭”“芦”都与“路”谐音，“莲”与“连”谐音，以鹭鸟与芦苇、莲花组成一幅美丽的水禽图，寓意事业非常顺达，犹如考场接连登科。

中国传统图案是中华民族民间艺术千百年来积淀的成果，具有鲜明的中华民族特色，体现了中华民族的人文精神。随着东西方社会的不断发展，世界经济和科技飞速发展，人们越来越强调服装体现个性、民族和传统的特色，强调世界文化的多元性，强调设计文化的混合性和开放性。中国文化日益受到世界的关注，代表中国文化的服饰设计也登上了世界时装的舞台（图 2-27）。

图 2-27　吉祥图案在服装中的应用

传统图案在现代服饰中应用广泛，给现代图案设计带来很大启发。除了中国的服装设计师关注中国传统服饰文化外，许多国外服装设计大师也把眼光聚焦于中国，从中国传统图案中寻找灵感，创作出各种风格的服装艺术作品，表现了浓郁的“中国情调”。随着全球范围内的“中国风”服饰时尚风潮愈演愈烈，中国传统吉祥图案正以不同的艺术表现方式出现在世界服装设计大师的作品中，并加入了更多设计的成分，使之更符合现代审美需求（图 2-28、图 2-29）。

图 2-28　时装上的传统图案（一）

图 2-29　时装上的传统图案（二）

六、蓝印织物纹样

据史料记载，中国的蓝印织物始于宋朝嘉定县的安亭镇，其制作是采用一种用灰粉作防染剂的防染印制技术，最早称作“药斑布”。《嘉定县志》记述该印染技术是“以灰药涂布染青，俟干试去，青白成文、有山水、楼台、人物、花果、鸟兽诸象”。常见的蓝印织物多为棉织物，但也有麻织物的存在，元明时期在全国广为使用。

由于植根于民间，中国的蓝印织物形成了固有的传统文化。蓝印织物纹样反映了中国传统的民间、民俗、宗教文化的内涵（图 2-30）。

图 2-30 蓝印织物纹样

第三节 外国典型图案

一、佩兹利纹样（Paisley Design）

佩兹利（Paisley），英国苏格兰斯特拉斯克莱德大区伦弗鲁区的首府，大自治市和工业中心，18 世纪初已发展成为手工纺织亚麻布的中心，因生产佩兹利围巾而著称。

由于复杂的背景因素，对于佩兹利纹样原始形态的解释，尚无一定论。但普遍认为有如下可能性：

①印度生命之树菩提树叶子的造型。

②索罗亚斯特火焰教的火焰图案造型。

③巴旦杏的内核造型。

④松果或无花果截面的造型。

无论何种起源之说，其定形的原始形态以及由此而变异的各种造型，均无法脱离古老的雏形本质。单从众多的称谓中便可知佩兹利纹样的影响力和渗透力：在中国称为火腿纹样；在伊朗及克什米尔地区，称为巴旦姆纹样或克什米尔纹样；在日本称为曲玉纹样；在非洲称为腰果纹样；在西方国家称为佩兹利纹样等。最初，克什米尔人多把该纹样应用于提花或印花织物，后延伸至印染和刺绣领域。现代纺织品，尤其是诸如裙、丝巾、领带等服饰用料，也通常选用具有古典意味的涡线形式的佩兹利纹样。

佩兹利纹样，除典型的形态和题材限制之外，格律、色彩、表现方式不受任何约束，这样便大大丰富了设计者的表现空间（图 2-31、图 2-32）。

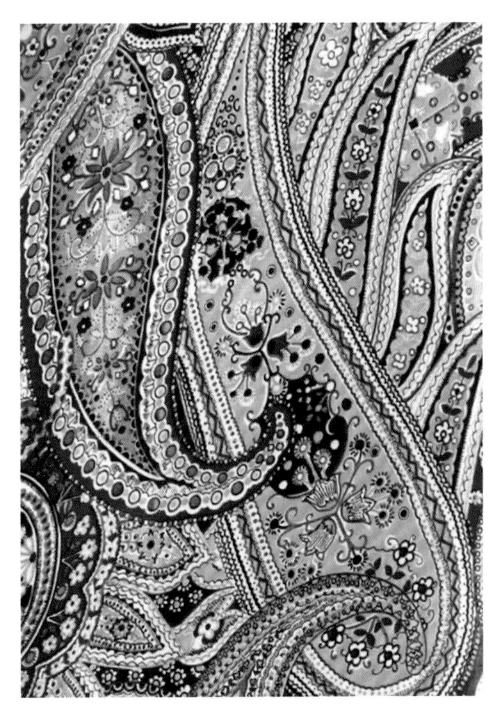

图 2-31 佩兹利纹样（一）

图 2-32 佩兹利纹样（二）

二、康茄纹样（Khange Design）

图 2-33 现代服装上的康茄纹样

康茄（Khange）为非洲的民族服饰，但并非传统概念中成衣的含义，也不是习惯思维中的根据人体工程学设计与制作的服饰。康茄是以矩形的印染织物作为独立单位，数块分别包缠头部、肩部及身体。这是非洲服饰较典型的特征之一，也是与众不同之处。每一块单体康茄特殊的图案程式便形成了康茄纹样特殊的流派（图 2-33）。

康茄纹样源于桑给巴尔及其附近海岸区域讲班图语言的斯瓦希利民族，该民族是由各地的班图人和 7 世纪以后迁徙而来的阿拉伯人、波斯人等长期结合而形成的民族。由于传统的农作方式，康茄纹样保持着比较严谨的规格限定，因此也形成了一系列的图案格律。

康茄纹样通常具有两种组成形式：其一是由一个中心纹样、四个角纹和四条边纹组成；其二是由一个长方形的纹样和四条边纹组成。康茄纹样另一典型特征是在中心纹样的下部配有斯瓦希利文字，斯瓦希利文字由于受阿拉伯文字的影响，很多文字借用阿拉伯文字。

视频：外国典型图案

康茄纹样的题材主要有以下类别：花卉图案的题材，几何图案的题材，佩兹利纹样的题材，景物图案的题材。

由于受宗教、民俗等因素的影响，康茄纹样禁忌采用动物图案的题材。

康茄纹样的长方形地纹的表现方式分为以下几种：规律性的散点纹样，规律性的折线纹样，规律性的网格纹样。

康茄的规格约为 117 cm × 168 cm，用色基本上不超过四套色，但如果采用较复杂的印染工艺印制，也可增加图案的套色。

三、基坦卡纹样（Kitenge）

图 2-34 现代服装上的基坦卡纹样

在非洲，“基坦卡”即仿蜡防印织物，也称仿蜡染织物，是非洲具有很大影响力的民族服饰面料之一（图 2-34）。

基坦卡有别于蜡染织物，通过纹样设计的方式与机印生产工艺相结合，机印图案在一定程度上与蜡染纹样表现风格有相近或类似之处，基坦卡纹样除独幅大尺寸纹样排列之外，均按照机印工艺所限定的比例范围进行排列，并留有两条 1 ~ 2 cm 的边纹，采用的格律有以下几种。

①散点排列：散点纹样以较规则的排列为主。

②条形排列：具备方向性明显的二方连续纹

样的组织形式。

③格形排列：以方形或多边形为单元的网架组织结构。

基坦卡纹样的题材也极为丰富，包括以下几种。

①动物题材：飞禽走兽鱼虫常作为主要的纹样选题。

②植物题材：菠萝、香蕉、杧果、椰子以及多种植物及其果实。

③景物题材：热带风景以及各种器物的表现。

④几何题材：基坦卡纹样应用最广泛的题材之一，并以此作为基础结构，将动物、植物、景物等纹样置于其中。

⑤宗教题材：多选自部落的象征、旗帜、徽章等。

具体到设定的题材，也各有自身的含义：走兽是勇猛、力量的代表；贝壳寓意胜利；钥匙表达主权，权力；鼓是战斗的号角等。

基坦卡纹样不同于蜡染织物，但也有共性的存在，表现语言与蜡染如出一辙，以靛蓝、深棕色的线与面联结图案的各部，其间穿插、填置、错叠色位，蜡染的冰裂纹组织在基坦卡纹样中有意无意地形成带有装饰意味的网状体组织。值得注意的是，点式纹样基本是基坦卡纹样地纹的首选方式，有序的甚至是致密的排列形成一定的肌理视觉效果。

四、纱笼纹样（Sarong Design）

筒形腰裙的马来语为“Sarong”，被视为马来西亚的国服。

亚洲地处热带地区的很多民族与筒裙有着不解之缘。在非洲、中东以及亚洲国家的马来西亚、泰国、缅甸、印度尼西亚、菲律宾、南太平洋群岛等不同的国家均可以看到带有木土文化的筒形腰裙的身影。

纱笼纹样为蜡防工艺方式处理，表现题材以几何纹样、动物纹样、植物纹样和通俗纹样为主，其中，植物纹样为常见的热带植物。由于蜡防的工艺性质，无论何种题材的纹样，几何化、简洁化甚至风格对立化的情况并存（图 2-35、图 2-36）。

从图案的格律上分析，在印度尼西亚和马来西亚，Sarong 则有一定的限定，整体的 Sarong 由边纹、首纹和身纹组成，其中首部纹样约为 60 cm，边饰纹样为 10 ～ 20 cm，其余部分为身部纹样组织。每一方 Sarong 长约 180 cm，门幅 105 ～ 118 cm 不等。

图 2-35　纱笼纹样（一）

图 2-36　纱笼纹样（二）

五、塔帕纹样（Tapa Design）

塔帕（Tapa）是一种用树皮制成的非纺织布料，在太平洋岛屿中作为衣料的代用品。塔帕是从专门栽植的楮树苗中取其树皮，在水中浸软，用特制的木槌敲打，直至达到要求，制成布料，再多次用油或清漆处理，使之具备防水功能。塔帕布上绘制的纹样称为塔帕纹样。塔帕纹样源于南太平洋的波利尼西亚、密克罗尼西亚和美拉尼西亚诸岛的土著民族（图 2-37、图 2-38）。

图 2-37　塔帕纹样（一）

图 2-38　塔帕纹样（三）

塔帕纹样多以抽象几何形贯穿构成直线，曲线、与各种形态相交组合，并加以演化。塔帕纹样用色直接，常选用纯度较高的色彩，提高了图案的鲜艳度，但调整色以黑色居多，以弥补色彩关系的不稳定性。

六、夏威夷纹样（Hawaii Design）

夏威夷纹样在中国也称“阿洛哈”纹样。夏威夷纹样源于美国的夏威夷群岛。由于特殊的地理环境，当地所盛产的热带植物、人的生活方式等，均给夏威夷纹样的题材范围提供了必要的先决条件，因此，纹样多以扶桑花作为主导图案，另有龟背叶、羊齿草等植物，热带风光、生活景物、海洋生物等题材作为附属图案。夏威夷纹样通常为大型图案的组织结构，主导花卉为 18 ~ 30 cm，采用网印工艺生产，既可用多套色也可用少套色或单色的方式处理，甚至可金粉印饰。配有夏威夷纹样的衣料除了适用于男式夏装之外，还用于裙子等服饰（图 2-39）。

图 2-39　夏威夷纹样

七、友禅纹样（Yuzen Pattern）

和服有着与众不同的服饰概念，也是地域文化特定形式的表现。和服的风格集中体现在独特的款式和面料之中，在日本，凡是运用各种印染、绘制工艺生产的适宜于制作和服的图案纹样衣料均称为“友禅绸”，友禅纹样则是其图案方式的具体体现，如图 2-40 至图 2-42 所示。

图 2-40　友禅纹样（一）

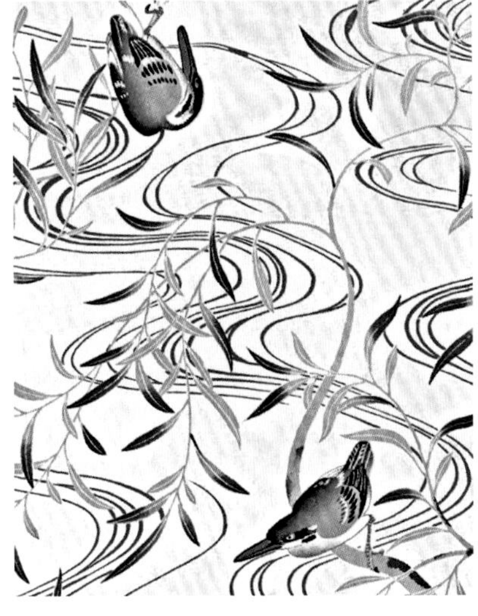

图 2-41　友禅纹样（二）

图 2-42　友禅纹样（三）

提及友禅纹样，必须涉及“友禅染”。友禅染始于日本江户时代中期元禄年间（1688—1705 年），由一位扇面画师宫崎友禅法师所创，并因此得名。友禅染包含着广泛的内容，单从产地、原料、用途、流通渠道、绘制技法、工艺流程和意匠设计等方面就可分为六十多种，如洮友禅、手描友禅、本友禅、蜡染友掸、印染友禅、彩金友禅、京友禅、加贺友禅等。

大多数友禅纹样都是以复合的形式出现的，其表现方式又是多样的，如将印染、手描、刺绣、扎染、蜡染等手段相结合。

友禅纹样的题材极为丰富，包括松鹤、扇面、樱花、龟甲、红叶、清海波、竹叶、秋菊，还有牡丹、兰草、梅花等题材。由于受中国传统图案的深刻影响，中式的唐草纹、八仙纹、雷纹等也融入友禅纹样之中。

扇纹采用两把或数把扇子组合成以扇面为主题或作图案穿插的形式，并与植物纹样、器物纹样甚至几何纹样共融。

水纹亦称清海波，日本人认为水能净身除灾，并有“浸水的初一”的传统习俗。婚俗、祭神等有水神的习俗流传甚广，从而形成日本人意识中的特殊的信仰。因此，水与友禅纹样有密切关系，也是友禅纹样重要的组成部分。

樱花是日本的国花，被视为幸福美好的象征，在和服图案中樱花题材有着不可替代性。友禅纹样用色极为广泛，并时常以多套色的形式出现。

八、波斯纹样（Persian Pattern）

波斯纹样有别于其他纹样的最显著特征，是在排列结构式上的特殊性：其一是波形连缀结构式，其二是连圆结构式，其三是区域性质的对称结构式。波形连缀结构式体现出波斯纹样的第一特征，纹样以波形曲线分切图案，呈交错排列状，并且在曲线所划分的各自区域之中植入蔷薇、玫瑰、百合等植物图案。时至今日，这种特征依然是波斯纹样典型的特征（图 2-43、图 2-44）。

图 2-43 波斯纹样（一）

图 2-44 波斯纹样（二）

九、埃及纹样（Egyptian Pattern）

典型的埃及纹样是以埃及古老的宗教艺术作为前提，其中绘画与雕塑艺术对其影响最为深刻，也是其图案风格的主要依据。

埃及纹样多以狩猎、播种、建房、纺织、舞乐、祭神等场景为表现内容。宗教主题与世俗生活的相互渗透，是古埃及艺术尤其是服饰图案的主要题材之一，如图 2-45、图 2-46 所示。

图 2-45 埃及纹样（一）

图 2-46 埃及纹样（二）

十、印加纹样（Inca Design）

在美洲图案艺术的发展过程中，最富魅力与特色的便是古秘鲁地区的印第安图案（图2-47、图2-48）。其中，反映在纺织品及服用织物的印加纹样，最显著的特征即是图案在内容或形式上的程式化。在形式上，印加纹样用直线或以直线构成的三角形、菱形或多边形等几何结构来组合成内容上的动物、植物与人物图案。印加纹样几乎回避弧线、曲线的转折，它所有的形态完全由直线组成，直线连接所形成的多元的角型来构成多种纹样，这种“直线语言”的图案表达着与众不同的风格。

图 2-47　印加纹样（一）

图 2-48　印加纹样（二）

印加纹样最初表现在色织布与刺绣织品之中，由于复杂的社会、宗教等原因，印加人即南美的印第安人崇尚太阳与月亮、圣鸟与圣兽。圣鸟美洲鹰被印加人视为神鸟，因而，在印加纹样中，常常出现抽象的太阳纹样、神鸟纹样、圣兽图案（主要是美洲狮、虎等）。除此之外，原始的工字纹、十字纹、雷纹、回纹等也屡见不鲜。

印加纹样用色简单，多以纯度较高的原色来体现图案的色彩关系。

十一、印度纹样（Indian Design）

印度文明是世界最深厚和最古老的文明之一。很多历史学家认为印度是印染织物的发源地。公元前1400年在印度已盛产印染织物，并输入中国。它经海路、陆路向里海、地中海、埃及和北非，甚至希腊、罗马等地区广为传播。可以设想，印度的印染织物在印染工艺及染色技术上已具备相当高的水平，如图2-49、图2-50所示。

图 2-49　印度沙丽（一）

图 2-50　印度沙丽（二）

传统的印度纹样约有两个体系：其一为源于印度教的题材，纹样具有明显的轮廓和方向性；另有拱形的区划结构的图案风格，其中置有织物图案和宗教意义上的人物以及动物图案，图案位置感、区域性强烈，均为垂直的构成方式。其二为对植物的信仰，选用百合、蔷薇、风信子、玫瑰和菖蒲等植物，采用卷枝或折枝的技术形式使图案呈四方或二方有序的连续和穿插。

十二、朱伊纹样（Jouy Design）

朱伊（Jouy）原为地名，是法国巴黎西北部的小镇，因纺织印染技术的发展而闻名。

1783年，苏格兰人托马斯·贝尔（Thomas Beel）开发研制出“旋转式印染”技术，直到1810年，随着印染技术的提高，“旋转式印染”即辊筒印染技术日趋成熟并投入规模化的生产。1780年，德国人奥伯肯伯特（Christof P. Oberkampt）在朱伊小城开设了一家印染厂，他成功地运用了滚筒印染技术，使工艺水平大为提高，并带动了织物纹样印染的精度、细度水平的提高，同时也拓宽了图案设计的表现手段。朱伊纹样涉足图案的写实化、情节化的领域，已不再受制于平面设计的概念，图案不仅具有了层次感，还首创了利用透视原理，在平面设计中体现三维的立体空间，如图2-51所示。

朱伊纹样的题材分为两类：其一是以风景作为母题的人与自然的情节描绘；其二是以椭圆形、菱形、多边形、圆形构成各自区域性的中心，然后在区划之内配置人物、动物、神话等古典主义风格具有浮雕效果感的规则性散点排列形式的图案。前者随意穿插、依势而就；后者严谨凝重、排列有序。两者充分展示了印染技术的发展给服饰图案设计带来的广阔前景。

图2-51　朱伊纹样

十三、莫里斯纹样（Morris Design）

设计师威廉·莫里斯（William Morris），从事过建筑学、绘画学、设计艺术学等多学科的艺术实践。强烈的进取心和追求意识、旺盛的精力使他在所从事的多项艺术设计中广为施展自身的才华，尤其是在棉印织物的图案设计以及挂毯、壁纸、刺绣等平面设计领域，表现出独特的设计理念和思维。面对19世纪中叶工业革命扑面而来的大趋势，莫里斯不无忧虑，其在《艺术和社会主义》中曾发出由衷的感叹：“机械这种犹如神技的东西，如果它具备条理及能深思熟虑，现在也许会很快解决一切厌烦和粗野的

劳动，其结果，也可能提高我国劳动群众的操作技能和提高精神创造力。人类的手艺，只有在人的灵魂导引下，才能创造出美和秩序，而现在的机械对我们并没有起到改造灵魂之作用。”他的执着和对美的哲学的独到见解，使其在艺术实践中获得了巨大的成功。通过应用于印染织物的图案设计可以感受到莫里斯纹样的艺术感，如图 2-52、图 2-53 所示。

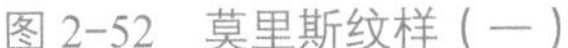

图 2-52　莫里斯纹样（一）

图 2-53　莫里斯纹样（二）

莫里斯纹样可谓是自然与形式统一的典范。图案以装饰性的植物作为主题纹样的居多，茎藤、叶属的曲线层次分解穿插，互借合理，排序紧密，具有强烈的装饰意味。城一大评价莫里斯的作品：“虽然以自然植物为题材，但并不是单纯用 19 世纪自然主义手法将自然进行机械地拼凑，而是将自然界的植物具有的生命力和生长关系充分地表现出来，将其构成美的画面……，莫里斯作品的风格主要在于表现植物自然的富于变化和生长的生动。”

第四节　中西方服饰图案的差别

中西方服饰图案各有渊源，自成体系，差异甚大，这和各种民族的审美意识有很大关系。

可以从三个方面来区分中西方传统服饰图案：

①中国传统服饰图案以线造型，而西方传统服饰图案则以面造型。

脱胎于中国传统绘画艺术的服饰图案造型，毫无疑问地受到了绘画中以线造型的影响。孕育于工艺装饰艺术的中国传统绘画，不钟情于对自然的模仿，而是通过各种手段，例如变形变色，摒弃色彩、透视关系，采用散点透视等，用宏观的方法概括，以微观的形式加强，使装饰图案变得充实、丰富、完美。此时，简洁、概括的线条是达到此种效果至关重要的一环，色彩则是依照造型的结构关系进行配置的。线条与色彩的关系如同人体一样，线是骨架，色是肌肉，因此无论是哪个朝代的服饰图案，我们都能体会到线条是其灵魂所在。例如，马王堆一号汉墓中的云气纹，其线条飞扬流动、自由奔放、色彩鲜艳、明朗而厚重，显示了气势磅礴和旋转不息的运动感。

由于西方服饰图案是以对自然的模仿为主，所以其艺术效果重点在于逼真的程度。物象的明暗、色彩、体积、空间及物象之间的结构关系等因素都被准确地表现出来，这样才能达到立体、逼真的写实效果。这不是仅仅依靠线条就能体现出来的，只有通过准确的造型和色彩的空间透视相结合来构成整体的面才能做到。

②中国传统服饰图案是表现的，而西方传统服饰图案是再现的。

中国传统服饰图案是表现的，表现不是模仿自然，而是设计者根据创意和对物象的感受，借助外在的艺术形式抒发自己的情感。这样图案就成为寄托创作者情感的媒介，所以中国传统服饰图案在题材、造型、用色等方面都与西方存在差异。比如中国传统服饰图案中常出现的“四君子”——梅、兰、竹、菊，成为人格道德精神的载体。此外，中国服饰图案里表现鸟类的比比皆是，从常见的麻雀、燕子，到名贵的锦鸡、鹦鹉、孔雀、仙鹤等均有描绘，甚至还臆造了各种凤鸟造型。可以说鸟类是中国服饰图案中最有特色的题材之一。翱翔长空的鸟在人们心目中是大自然的象征。由此看来，中国传统服饰图案注重借助各类题材的比兴寄寓来表现人格精神。

西方对传统服饰图案的要求，往往偏重于物质性。自然中凡是符合西方传统审美情趣的物象都可用于服饰图案的范本，而评价图案的标准就是它的逼真程度。另外，西方传统面料的设计师许多都是著名画家，毫无疑问，他们的绘画风格自然会注入面料图案设计当中。这也是西方传统服饰图案趋向物质而非精神、趋向再现而非表现的原因之一。

③中国传统服饰图案偏重于精神性，而西方传统服饰图案偏重于物质性。

从古希腊时代起，西方造型艺术就以模仿自然为目的，模仿说在古希腊早已流行，经柏拉图与亚里士多德的倡导，一直影响到 18 世纪。在古希腊神话中，神人不分，造神以人为范，模仿自然的艺术就是模仿人类自己，这就为再现的、偏重物质性的艺术的产生提供了条件。服饰图案这种衍生于绘画、与人体结合、将精神实现于服饰的特殊艺术形式也势必受其影响。

自然观的不同形成了中西方艺术表现上存在的不同程式，装饰与自然观所形成的特殊关系，显然是人类美术活动基于视觉感知方式和描述方式而产生的。

无论是以线造型，还是以面造型，无论是偏向表现，还是偏向再现，这些都说明了中西方传统服饰图案的区别，即西方传统服饰图案偏重于物质性，中国传统服饰图案偏重于精神性。

综上所述，西方传统服饰图案也具有一定的精神性，但这种精神性往往被物质性遮掩，如不加诠释，则不易领会。中国传统服饰图案则充分体现“随类赋彩”的类型化、意象化、装饰化和平面化特点，平面简单的造型与色彩，把物质性表现降到最低以突出其精神特征。

思考与训练

1. 试述中国不同时期服饰图案的特点。
2. 中国有代表性的传统服饰图案有哪些？
3. 列举外国典型服饰图案品种。
4. 简述中外服饰图案的差别及其产生的原因。

传统纹样

佩兹利的艺术魅力

第三章 服饰图案的组织形式

知识目标

1. 理解独立图案、连续图案的概念；
2. 了解独立图案、连续图案的特点。

能力目标

能够熟练地表现各种独立图案、连续图案。

素质目标

通过学习美学理论和动手实践，提升艺术鉴赏能力和实践操作能力。

服饰图案的组织形式是根据题材的特点和各种具体条件而定的。例如领角，一般都采用各种角的造型，其图案的组织和纹样布局应符合其特点，选择角隅纹样。而大面积的面料图案，其组织形式则应采用四方连续的构成形式。因此，图案纹样的组织形式和构成方法，都应根据物品的形状和用途而定。

常见的各种平面图案，其组织形式归纳起来可分为两大类：一类为独立图案，一类为连续图案。

第一节 独立图案

独立图案在日常生活装饰和工艺美术品的设计中，应用的范围很广，其构成形式也是多种多样的。

不同纹样由于受外形及内涵的制约以及使用的场所不同，又各自具有鲜明的个性。下面分别介绍单独纹样、适合纹样、角隅纹样、填充纹样、边缘纹样这五种有代表性的纹样图案。

一、单独纹样

单独纹样是指没有外轮廓及骨格限制，可单独处理、自由运用的一种装饰纹样。这种纹样的组织与周围其他纹样无直接联系，但要注意外形完整、结构严谨，避免松散零乱。单独纹样可以单独用作装饰，也可用作适合纹样和连续纹样的单位纹样。作为图案的最基本形式，单独纹样从布局上分为对称式和均衡式两种形式。

1．对称式

对称式又称均齐式。它的特点是以假设的中心轴或中心点为依据，使纹样左右、上下对翻或四周等翻。图案结构严谨丰满、工整规则。对称式还可细分为绝对对称和相对对称两种组织形式。

（1）绝对对称

绝对对称是指纹样相对于对称轴或对称点形状、色彩完全相同，等形等量的组织形式，具有条理，表现出平静、严肃、稳定的风格，力量感较强。绝对对称按对称角度的不同，一般有左右对称、上下对称、旋转对称三种形式；按基本型的组织动势又可分为独立式、相对式、相背式、交叉式、向心式、离心式和结合式等形式，如图 3-1、图 3-2 所示。

（2）相对对称

相对对称是指纹样总体外轮廓呈对称状态，但局部存在形或量的不等之处的组织形式，具有动静结合、稳中求变的新鲜感，如图 3-3、图 3-4 所示。

图 3-1　绝对对称（一）

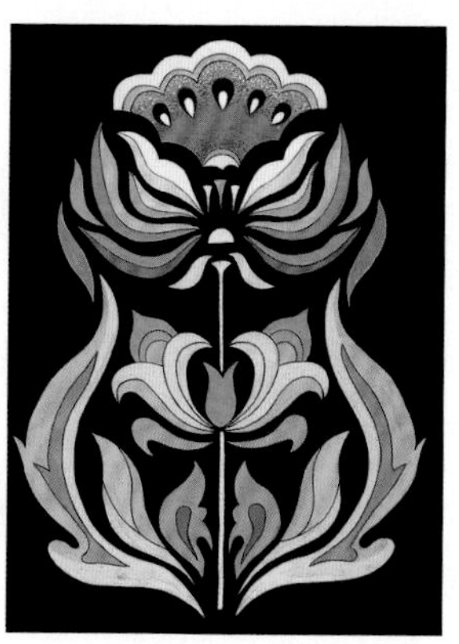
图 3-2　绝对对称（二）

图 3-3　相对对称（一）

图 3-4　相对对称（二）

2．均衡式

均衡式又称平衡式，它的特点是不受对称轴或对称点的限制，结构较自由，但要注意保持画面重心的平稳。这类图案主题突出、穿插自如、形象舒展优美、风格灵活多变、运动感强，如图 3-5、图 3-6 所示。

图 3-5　均衡式（一）

图 3-6　均衡式（二）

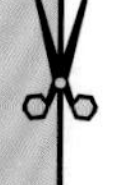

实践案例 1：单独纹样的设计与绘制

案例任务：设计并绘制一款花卉主题的单独纹样

任务要求：1. 设计尺寸 40 cm×40 cm

2. 手绘或电脑绘制均可

3. 花卉主题、图案风格和表现形式不限

实操步骤：以电脑 Photoshop 软件设计绘制为例

（1）搜集花卉图案，并进行设计构思。选择 1~2 朵主花、1~2 朵搭配的花卉和 1~2 组搭配的抽象或几何图案，注意主次分明，主花的花型一般要饱满、大气，如牡丹、玫瑰、百合等；搭配的花卉相对主花要采用花型小或绘制手法简单的花卉，如主花花型的花苞、小雏菊等；搭配的叶子或抽象、几何图案，可采用较为简单的剪影、线描等表现方式的图案。

（2）使用 Photoshop 将所搜集选取的花卉和搭配素材抠取或描绘，本案例抠取了 2 种牡丹作为主花，郁金香花束作为搭配。

主花

搭配的花卉

（3）新建 40 cm×40 cm 文件，先将主花进行构图，可采用对称式或均衡式的方式，本案例中采用均衡式构图，主花两大两小，成对角线排列增加均衡感。花朵的颜色可进行调整，一般最主要表现的花朵，色彩要饱满、艳丽。并将叶子素材在花卉图层下新建图层加入，注意叶子不要太多、露出部分不要太多，否则容易显得杂乱。

（4）将搭配的郁金香花束按照放在主花的图层下面，并按照均衡式的构图进行搭配，注意形象舒展优美；同时注意不要排列得太满，留有穿插空隙，搭配的花朵可将多余的部分用橡皮擦去除。

（5）将搭配的抽象几何枝叶图案放在最底层，进行整体效果的搭配构图，使整个图形成一个整体同时给人以均衡感。抽象几何枝叶图案的色彩注意和整体图案搭配，可以用图层样式来进行颜色叠加或渐变叠加来增加装饰效果，即绘制完成。

实践案例：单独纹样的设计与绘制

二、适合纹样

所谓适合纹样，即将纹样的组织较完整地安置在一定的外轮廓之中，因此它在构成上具有一定程度的局限性。适合纹样所采用的外形一般有方形（正方形、长方形）、圆形（椭圆形）、三角形、菱形、各种多边形等。在民间，工艺品常取自然物的外形或形状作为适合纹样的外轮廓，如桃子形、石榴形、梅花形、海棠形、扇形等。适合纹样虽然被安置在特定的外轮廓之中，但纹样的形象却不会使人觉得生硬和勉强，这就要求纹样布局得当、穿插自然、主题突出、宾主呼应、结构严谨、疏密均匀，使纹样充分适应各种特定的形状和空间。适合纹样组织得好坏，与其构成的方法关系十分密切。一般的结构都采用均齐的构成法则，其处理比较灵活自由。虽然也有采取平衡式的形式，但在构成处理上却比较规则和严谨。从图案的装饰形式出发，如何将纹样安排在一定的外形之中是十分重要的。可根据设计意图将纹样安置在各个区划面内。区划面可用多种方法设置，例如正方形，可以采用轴心线、对角线、并行线划分，使之产生各种区划面。

1．适合纹样的形式

适合纹样应用很广，其构成形式一般可分为平衡式和均齐式两类。

（1）平衡式

平衡式适合纹样在构成上是根据力和量的均衡作用，使纹样取势平衡和稳定。这种形式在构成上比较灵活自由，形象生动活泼，效果较好，如图 3-7、图 3-8 所示。

图 3-7　平衡式（一）

图 3-8　平衡式（二）

（2）均齐式

均齐式适合纹样结构较为严谨整齐，纹样布局一般采取左右、上下、多面对称格式，这种形式容易取得稳重统一的效果，但应避免呆板单调的弊病。均齐式适合纹样的形式概括起来可分为直立式、辐射式和多层式三种。

①直立式：直立式是指纹样分别处在画幅中轴线两侧，均齐对称。这种纹样容易取得整齐统一的效果，但也容易显得单调呆板，因此在形象的选择和处理上要下功夫，以取得更好的效果，如图 3-9 所示。

图 3-9　直立式

②辐射式：辐射式纹样是由几个（或几组）形象、姿态相同的基本单位所组成。单位纹样的方向比较明确，它可以由中心向外伸展（远心），也可以由外向里伸展（向心），还可以由外向里和由里向外交叉构成（远心与向心结合）。纹样的组织布局可以有聚有散、有收有放。这种格式结构整齐划一又丰富多变，如图 3-10、图 3-11 所示。

③多层式：多层式纹样即在一个适合形外轮廓里，有两层以上的纹样协调组织。这种构图形式富有层次变化，但要防止不协调感的产生，如图 3-12、图 3-13 所示。

图 3-10　辐射式（一）

图 3-11　辐射式（二）

图 3-12　多层式（一）

图 3-13　多层式（二）

2．适合纹样的设计要点

由于适合纹样要适合某种预定的外形轮廓来组织设计内部纹样，因此设计要求如下：

①主题突出，布局灵活；

②形象舒展，变化丰富多样；

③避免强行填塞的设计方法，同时避免使纹样故作伸张或生窝硬折。

三、角隅纹样

角隅纹样是装饰角平面的一种纹样，一般也称为角花。它的组织方法与适合纹样中的三角形适合纹样相似，所不同的是，只要其中的两边相适合，另一边则要适合于整个布局的意图。角隅纹样的应用也很广，有的用来装饰一角，有的用来装饰对角，也有的用来装饰邻角。角隅纹样可单独应用，也可和边缘纹样组合应用。角隅纹样有自由式和对称式两种构成形式。一般用于领角、衣角、头巾方角，地毯角、包袋边角等，如图 3-14、图 3-15 所示。

图 3-14　角隅纹样（一）

图 3-15　角隅纹样（二）

四、填充纹样

所谓填充纹样，即把纹样的局部有选择性地填入一定形状的空间之中。从表面上看，似乎和适合纹样一样，因为它们都具有一个外形轮廓，但实际上是有一定区别的。适合纹样要求较完整地安置在特定的外轮廓之内，而填充纹样的组织布局可以不受外轮廓的限制，也不必讲究组织完整及章法。这样的布局有清新活跃的感觉，但也要注意结构严谨，避免组织散乱和无中心，如图 3-16 所示。

图 3-16　填充纹样

五、边缘纹样

边缘纹样是一种适合于外形周边的装饰纹样。它随着外形轮廓而变，这种纹样对圆形边、方形边以及各种边形均能适应。边缘纹样多数是处于陪衬的地位，用以衬托中心花纹，也有的边缘纹样起单独装饰作用。边缘纹样的应用也很广泛。边缘纹样有平衡、对称和连续三种构成形式，也可以采取二方连续的形式，依靠一个以上的基本单位，向左右二方进行连续，装饰物体的边缘，主要看整体装饰效果而定，如图 3-17、图 3-18 所示。

图 3-17　边缘纹样（一）

图 3-18　边缘纹样（二）

第二节　连续图案

连续图案在构成上的主要特点是运用一个或一组基本纹样作为单位，使其向上下、左右二方或上下左右四个方向进行反复连续而成。采用这种连续构成的方法，能使一个较小而简便的单位纹样发展成为一幅连续性很强的大面积的图案。由于它是利用一个单位纹样反复循环而成，因此容易取得和谐统一的效果。连续图案适宜大面积的装饰设计，这种构成方法，不但可以以少胜多、节省设计工时，而且还能适合现代生产的工艺要求。如印花、织花的面料设计，就是采用这种构成形式进行设计和生产的。此外，编织工艺、壁纸、建筑装饰和部分装潢设计也都大量采用这种连续图案。

连续图案的形式可以分为二方连续和四方连续两类。

一、二方连续

1．二方连续的形式

用一个或一组单位纹样向上下、左右两个方向作反复循环，连续而成的图案，称为二方连续。二方连续可以分两种形式，向上下发展的叫纵式二方连续，向左右发展的叫横式二方连续（图 3-19）。

它可以根据装饰需要使图案的长度增减。二方连续图案在日常生活中应用较广，既可以作为衬托主花之用，也可以作为主体装饰单独之用。它有如下几种骨架：

图 3-19　二方连续

（1）散点式

散点式是指将已定的装饰部位适当等分，然后把单位纹样安置在每个等分的部位上，单位纹样可以有方向性，也可以无明显方向。为求得多样变化的效果，点的面积可以有大小或疏密的变化，如图 3-20、图 3-21 所示。

图 3-20　散点式二方连续骨架

图 3-21　散点式二方连续

（2）直立式

直立式的二方连续单位纹样大都呈直立或下垂状，有明显的方向性，纹样大多采用对称式的格局。为取得多样变化的效果，单位纹样的方向可以采取一上一下或一正一反的排列方式，如图 3-22、图 3-23 所示。

图 3-22　直立式二方连续骨架

图 3-23　直立式二方连续

（3）波线式

波线式的二方连续的形式采用波浪形起伏的曲线构成，纹样则沿着曲线两侧设置。如果采用缠枝花草为题材，曲线即为茎秆，花和叶则在曲线两侧顺势生长，波线式二方连续既可以采用单波线，也可以采用并列的双波线，或使双波线相互交叉。波线式二方连续，婉转、流畅、灵活、生动，如图 3-24、图 3-25 所示。

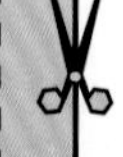

图 3-24　波线式二方连续骨架

图 3-25　波线式二方连续

（4）折线式

折线式二方连续即纹样的骨格线是折线状的。纹样安置在折线两侧的折角内，一般都呈相对或相背状的安排，折线与边缘线可以构成斜向，也可以构成垂直或水平状，如图 3-26、图 3-27 所示。

图 3-26　折线式二方连续骨架

图 3-27　折线式二方连续

（5）综合式

将上述的两种或两种以上的骨法组合而成的图案称为综合式二方连续图案。这种形式一般以一种骨法为主，设计形成明显的浮纹图案，另一种骨法起衬托作用，形成不明显的底纹图案，达到层次分明、主题突出、构图丰富的艺术效果，如图 3-28、图 3-29 所示。

图 3-28　综合式二方连续（一）

图 3-29　综合式二方连续（二）

2．二方连续图案的设计要点

二方连续图案大多装饰在较狭长的空间范围内，产生整齐划一的条理感，形成一定的节奏感和韵律感，这些都取决于基本单位纹样的结构处理、安排方法等。因此要注意以下几点：

（1）连接点

两个单位纹样相接处的处理，其视觉效果应完整、严谨、优美、巧妙、自然。

（2）方向性

单位纹样的结构方向的选择，要符合人们的视觉习惯，如直立式结构，不宜采用倒置的人物、建筑物等纹样。

（3）节奏感和韵律感

两个单位纹样的衔接处理、纹样的疏密、线条的起伏、排列的急缓以及色彩的变化等方面，力求做到变化丰富、多样统一。

（4）整体感

二方连续的单位纹样既要变化丰富，又要完整优美；既要考虑连续之间的疏密、穿插、呼应的关系，又要考虑图案的自然生动、完整统一的美感。

3．二方连续图案在服装中的应用

二方连续图案多用在女装、童装、休闲装和部分男装上，有强烈的装饰效果，如图 3-30、图 3-31 所示。

图 3-30　二方连续图案在服装中的应用（一）

图 3-31　二方连续图案在服装中的应用（二）

服装上的二方连续，经常应用在领边、前胸、袖口、门襟、下摆等部位。可以直接采用刺绣、印花长装饰工艺，也可用已制作好的花边，缝合在服装或服饰品上。

二方连续应用在服装和服饰上多为四种表现形式，即横式、纵式、斜式、边缘连环式。

（1）横式

横式是指呈水平方向的二方连续形式，能增加服装的安定美，会产生平稳大方、娴静柔和的效果，同时也会引导视线向左右拉伸，产生横向拉宽之感。

（2）纵式

纵式是指呈竖立的二方连续，能增加服装的挺拔感，使穿着者看起来很精神。纵式二方连续应用在服装上多为左右对称，排列整齐，能引导观者视线向上下移动，从而产生高长的感觉，世界范围内的很多民族服装多采用这种形式。

（3）斜式

斜式排列的二方连续能增加服装的动态感，经常应用在青少年服装和各种演出服装上，斜式的二方连续不仅具有装饰作用，还能起到服装设计中的分割作用。

（4）边缘连环式

边缘连环式多用在服饰中的衣摆、裙摆、袖口、领口、腰围、裤脚口、头巾边缘、帽檐等部位。边缘连续的装饰可产生夸张服饰结构、突出服装特点、修饰体形美和突出脸型美的效果。

实践案例 2：二方连续纹样的设计与绘制

案例任务：设计并绘制一款花卉主题的二方连续纹样，并绘制服饰应用效果图

任务要求：1. 设计尺寸 20 cm×10 cm

2. 手绘或电脑绘制均可

3. 花卉主题、图案风格和表现形式不限

实操步骤：以电脑 Photoshop 软件设计绘制为例

（1）搜集花卉图案，并进行设计构思。选择 1~2 朵主花、1~2 朵搭配的花卉和 1~2 组搭配的抽象或几何图案，注意主次分明。使用 Photoshop 将所搜集选取的花卉和搭配素材抠取下来或描绘下来，本案例抠取了 2 种牡丹作为主花，郁金香花束和两组几何图案作为搭配。

主花　　　　搭配的素材

（2）新建 20 cm×10 cm 文件，先将主花进行构图，可采用波线式的构图方式，可适当调整主花的大小和方向，注意排列的疏密。排列完成后，复制边缘处的主花，使用“滤镜—其他—位移”进行二方连续接头的处理，移动的像素值可以从图像大小进行查询，向右移动为正，向左为负，注意选择“设置为透明”。

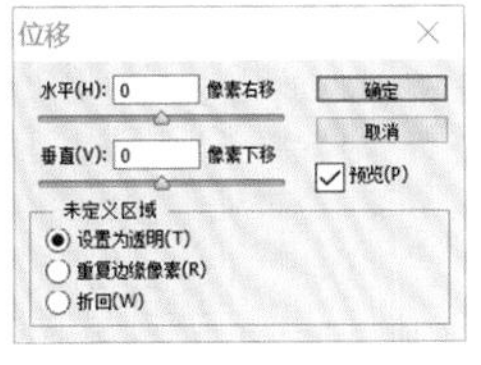

（3）将搭配的郁金香花束按照放在主花的图层下面，按照波线式的二方连续构图进行搭配，注意形象舒展优美；同时注意不要排列得太满，留有穿插空隙，搭配的花朵可将多余的部分用橡皮擦去除。

（4）将搭配的两个抽象图案进行构图摆放，注意大小的变化、高低的起伏和疏密有致的效果，在构图的过程中，可以随时调整素材的色相饱和度、图层的前后顺序等，主花的排列也可再进行进一步完善。二方连续图案完成。

（5）将设计好的二方连续图案进行“编辑—定义图案”，新建一个 60 cm×10 cm 文件，用油漆桶，选择定义好的图案进行填充，并进行 Ctrl+A 全选，Ctrl+C 复制。

（6）搜集一幅白色或浅色服饰，Ctrl+V 粘贴，Ctrl+T 自由变换进行二方连续的大小和方向调整后，单击鼠标右键变形，将图案调整至贴图效果自然；然后将本图层的混合模式改为“正片叠底”，并擦掉多余部分，本案例完成。

实践案例：二方连续纹样的设计与绘制

二、四方连续

四方连续是由一个或一组纹样作为基本单位，向上下左右四方反复循环连续而成的。它是装饰大面积空间的一种重要手段，应用最多的有棉布丝绸等印花、织花图案。由于四方连续图案在组织构成上具有循环反复的规律性，因此能够适应大批量的机器生产。

在服饰领域，四方连续纹样主要用于花布设计。

四方连续的构成排列要比二方连续排列复杂，它关系到成品质量的好坏，经常会出现设计的效果很好，而生产出的成品效果不理想的现象。这是因为，四方连续图案看中的是大面积链接后的整体效果。所以四方连续设计最重要的是选择最合适的结构组织形式，注意使纹样主题突出、宾主分明、层次有序，要注意连续后所形成的整体艺术效果。

人们在长期的设计实践中总结出一些好看的组织形式与排列方法，即四方连续的骨法。

1．四方连续的骨法

四方连续的骨法大体分为以下几种。

（1）散点式

散点式四方连续是指在正方形或长方形范围内，用一个或几个装饰元素组成基本装饰纹样，即组成循环单位，以平接或错接的方法连续排列，一般以散花、小纹样为主，在排列上不互相连接，形成散花状，给人以轻松、愉快的感觉，如图 3-32 至图 3-34 所示。

图 3-32　散点式四方连续（一）

图 3-33　散点式四方连续（二）

图 3-34　散点式四方连续（三）

（2）连缀式

连缀式四方连续是指在正方形或长方形的范围内，用一个或几个装饰元素组成基本单位纹样，并能左、右、上、下相连接。在连接排列上纹样要相互连接或穿插，形成连缀式。其特点是连续感强，具有浓厚的装饰效果。

连缀式通常有以下几种形式。

①菱形排列：根据设计意图要求，先选定一个菱形骨法，再填入纹样，即成菱形基本单位。单位连续排列时，要注意花纹的方向、位置，可适当转换花纹方向，使大面积连接起来的图案更加丰富，如图 3-35、图 3-36 所示。

图 3-35　菱形排列骨法

图 3-36　菱形排列的四方连续

②圆形波纹式排列：这是连缀式四方连续图案常用的骨法，是由圆形与波纹形相结合组织而成的骨法，以波形曲线为主要动势线，用连圆排列，并将圆与圆的外切线用波线连接，在波形骨架内填入花纹。圆形波纹式的骨架是一种优美的排列格式，如图 3-37、图 3-38 所示。

图 3-37　圆形波纹式排列骨法

图 3-38　圆形波纹式排列的四方连续

③阶梯式排列：把纹样嵌入类似阶梯分段区域内，上、下、左、右连续起来，即为阶梯式排列。有二分之一、三分之二或四分之三不等的阶梯式排列。这种纹样排列既新颖又富于变化。阶梯式排列也是一种相错连接的方法，如图 3-39、图 3-40 所示。

图 3-39　阶梯式排列骨法　　图 3-40　阶梯式排列的四方连续

（3）重叠式

重叠式是四方连续由两种不同形式的骨架或两种不同形象的纹样重叠排列而成。它的组织排列是一种花纹重叠在另一种花纹上，富于多层次的变化。在底下的花纹称为地纹，在上面的花纹称为浮纹。设计时浮纹要突出，地纹起衬托作用，要宾主分明，层次突出而清晰，如图 3-41 所示。

图 3-41　重叠式四方连续

在采用重叠式排列时要注意以下几点：

①浮纹与地纹重叠排列时，取材要有明显区别。如浮纹是写实花形，地纹可用抽象花形或几何形，两者要既有区别又有统一，才能使画面显得不乱、整体感强。

②大小对比，主题突出。假如浮纹与地纹同样取材于花卉，两者要采用大小对比，有所区别，如果浮纹用大花或串枝花时，地纹则用小而碎的花，并且排列要密集，这样地纹就显得素雅，从而突出了大花形，这种大小形体的悬殊对比，可避免设计中混淆不清的毛病。

③在色彩运用方面，地纹与浮纹要加以区别。浮纹明度要高，地纹明度要适当减弱。浮纹色相要明快，纯度可适当提高；地纹色相、纯度都可降低，只要明暗层次清晰，色阶不太悬殊即可，这样的四方连续图案就会给人以层次的美感。

2. 四方连续的设计要点

四方连续设计都要求先设计一块向四个方向均能连续的“模板”，这个“模板”就是所谓的基本单位纹样，也叫“母板”。设计的单位纹样要有大有小、风格多变，使人产生轻松愉快的装饰美感，特别是应用在服饰花纹中，要尽量避免画面布局的单调呆板。

（1）纹样位置的变化

纹样设计排列时，要注意纹样位置的穿插关系，不能平铺排列，力求构图的灵活多变，动势感、律动感都要强。

（2）纹样方向的变化

根据不同织物的用途来确定单位纹样的方向。如在设计服装布料时，应采用无方向性的单位纹样，否则，衣服上的花纹就会形成不自然的顺向颠倒，而引起人们视觉和心理的不适感。所以，设计时应首先明确产品用途，然后才可考虑选用什么资料、素材、风格、排列等一系列处理的方法，任何一个环节均不可忽略。

（3）整体设计

注意整体设计，避免出现“横档”“斜档”“斜路”等弊病。四方连续在构成时，单位面积必须是四角垂直，才可确保上下衔接的准确性。各类纺织物上的织花、提花、印花、轧花等大多属四方连续，服装花纹面料也大多属四方连续图案。在设计中不仅要考虑单位纹样的造型严谨，更应注意连续后的整体艺术效果。例如素色提花织物文雅大方，彩色织花织物富丽华贵，轧花织物具有浮雕艺术风格，印花织物活泼生动。另外，在具体运用中还要根据当年的流行色和流行服装款式风格进行综合设计。

（4）图案设计与营销的关系

四方连续图案的设计与生产出来的成品，是为消费者服务的，要经得起时间与消费者的检验。要适销对路，符合大众普遍审美水平的要求。既不能主观臆断、脱离社会审美要求，也不能孤芳自赏、不顾及市场。要经常做好商情调研工作，了解群众的各种爱好和欣赏习惯，掌握城乡审美区别、民族区别、地域区别，及时了解国内外市场流行花派和流行趋向，设计时做到有的放矢。

四方连续的设计还必须结合生产工艺，要考虑是否适应生产工艺，既可降低成本，又使设计产品不出疵病。从图案设计到生产出成品，要经过很多道工序，如果设计者不了解生产工艺，不结合生产条件，就无法生产出成品。四方连续图案制成产品后，它是物质的，同时也是精神的，既可为国家、企业创造财富，又能起到装饰与美化生活的作用，因此，四方连续图案设计要依据“实用、经济、美观、时尚”原则，这样才能创造出具有时代性、市场认同性且艺术性强的新颖图案纹样。

3. 四方连续图案在服装设计中的应用

服装中的四方连续图案多以面料图案形式出现，面料图案本身并不是服装设计人员创作的，只有在特殊情况下服装设计者才可能自行设计四方连续图案，如为了适应表演时的单独设计。更多的情况是服装设计者选择四方连续图案以应用在服装设计中。

在服饰上应用面料图案有两种情况：一种是整个款式都采用四方连续图案面料裁制，另一种是以局部四方连续与单色面料相搭配使用。

在现代服装设计中，四方连续图案的取材非常广泛，除了传统的花卉、云水纹、动物纹以外，还可用人物、自然景物、脸谱等题材进行设计。

四方连续图案在服装设计上的应用要注意图案的造型、色彩、面积、大小、质感等内容与服装款式相协调（图 3-42、图 3-43）。

图 3-42　四方连续图案在服装中的应用（一）　图 3-43　四方连续图案在服装中的应用（二）

实践案例 3：四方连续纹样的设计与绘制

案例任务：设计并绘制一款花卉主题的四方连续纹样

任务要求：1. 设计尺寸 20 cm×20 cm

2. 手绘或电脑绘制均可

3. 花卉主题、图案风格和表现形式不限

实操步骤：以电脑 Photoshop 软件设计绘制为例

（1）搜集花卉图案单独纹样进行抠图处理，或自己设计绘制一组花卉单独纹样，作为四方连续的散点素材。本案例搜集并抠取了下图的花卉纹样作为散点素材。

（2）新建 20 cm×20 cm 文件，以三个散点四方连续为例，首先用参考线将文件横竖分为三等份，然后按照“一行一列一散点”的原则放入散点素材，调整散点的大小和方向，并用“滤镜—其他—位移”进行四方连续接头处理。

（3）大散点素材排列完成后，从大散点中抠取小散点素材或寻找抠取其他小散点素材，并将小散点素材均匀散布在画面中，注意四方连续接头的处理。排列好大小散点之后，定义图案，新建长宽均大至少一倍的文件中进行图案填充，观察四方连续的构图，观察是否出现接头不准确、有明显空档、花路等问题，如有问题，到原图中进行修改，并再次定义图案填充观察，直至构图无明显问题。

（4）添加背景和其他搭配元素。添加背景，可用色相饱和度进行背景颜色的调节；添加其他搭配元素或重叠阴影搭配元素。本案例采用重叠阴影搭配元素，将大散点元素图层复制，图层样式中进行颜色叠加，调整图层顺序和不透明度，作为重叠素材打底，以突出主花，注意同样需要进行四方连续接头处理。本案例完成。

实践案例：四方连续纹样的设计与绘制

思考与训练

1．进行单独纹样绘画练习。

2．进行适合纹样绘画练习。

3．进行二方连续绘画练习。

4．进行四方连续绘画练习。

故宫文化与不朽的纹样

第四章 服饰图案设计素材的收集

知识目标

1. 了解服饰图案创作的灵感来源；
2. 了解服饰图案素材的收集方法。

能力目标

掌握服饰图案素材的收集方法。

素质目标

培养学生求知探索、大胆创新的意识。

第一节　服饰图案创作的灵感来源

一、服饰图案创作的灵感

灵感是指创作思维过程中认识飞跃的心理现象。它是一个人在对某一问题长期孜孜以求、冥思苦想之后，通过某一诱导物的启发，一种新的思路突然想通而形成的。正常人都可能出现灵感，只是水平高低不同而已，并无性质的差别。那么获得灵感主要有哪些渠道呢?

服饰图案素材有一个来源的问题。作为观念形态的图案纹样，均来自社会生活。就其形态而言，有两大类：一是自然形态，一是人工几何形态。

自然形态的素材极其丰富，各式各样的花果草木、鸟兽鱼虫、自然景色以及人们的劳动姿态、体育舞蹈的动作等就是图案素材取之不尽、用之不竭的源泉。人工几何形态的素材并不是人们凭空想象出来的，同样来源于社会生活。人们通过制造生产工具，定尺度、立规矩、划经纬等树立了数理观念，知道了点、线、面、体、方、圆、曲、直的几何形态。这种点、线、面、体、方、圆、曲、直的交错，也形成了变化万千的几何纹样及几何的组织形态。这种几何纹样和组织形态，也存在于自然界中。如一些矿物的结晶体的几何形态，动植物的一些外部、内部的物质结构所呈现的几何组织等，都是人们通过生活的体验和了解而获得的。素材来源于生活，来源于客观，必须要深入生活。

在学习研究的过程中，应了解图案形成的特点及其渊源。传统的和国外的优秀的图案，我们应该加以借鉴。但它是流而不是源。很显然，在中外传统图案纹样中，我们没有见到过现代的高科技产品的纹样。而以植物花卉来说，它也是在不断地变化和发展的，花的品种日益增多，也就是这个原因。因此，我们既要着眼于“源”的研究，同时又不忽视传统的借鉴，这样才不致本末倒置（图 4-1）。

图 4-1　素材的来源

二、服饰图案创作的灵感来源

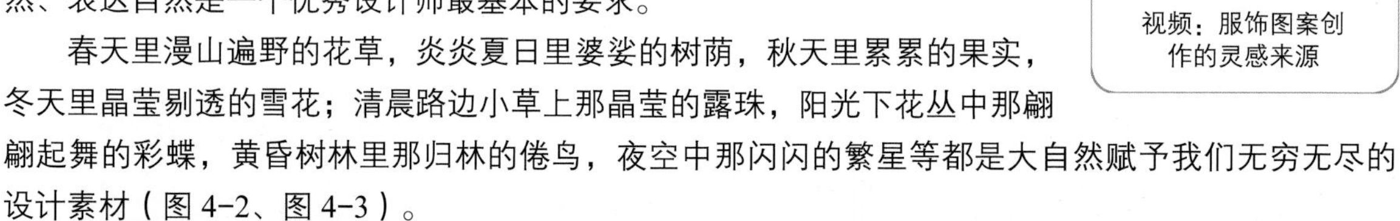

视频：服饰图案创作的灵感来源

1．从大自然中寻找设计灵感

大自然赋予我们很多美丽的色彩、各异的形状、丰富的肌理，这些都是我们创作的灵感来源。一片叶子、一朵花、一只可爱的小动物、一棵树、一片天空、一抹红霞都能带给我们无尽的遐想。热爱自然、欣赏自然、观察自然、表达自然是一个优秀设计师最基本的要求。

春天里漫山遍野的花草，炎炎夏日里婆娑的树荫，秋天里累累的果实，冬天里晶莹剔透的雪花；清晨路边小草上那晶莹的露珠，阳光下花丛中那翩翩起舞的彩蝶，黄昏树林里那归林的倦鸟，夜空中那闪闪的繁星等都是大自然赋予我们无穷无尽的设计素材（图 4-2、图 4-3）。

图 4-2　自然资源

图 4-3　以自然资源为素材的服饰图案设计

2．从人文历史资料中寻找设计素材

人文历史包含了人类文明史、人口状况、人种语言、宗教派别、人文景观、城市、人类的物质文明、政治地理、世界各国主要节日、世界各国外交礼仪、世界各国贸易环境等。在交通和互联网高度发达的今天，我们可以通过网络获取最直观的图片资料，这些包含各国、各地区人文历史资料的图片，也是开阔眼界、激发灵感，从而进行设计创作的重要渠道（图 4-4、图 4-5）。

图 4-4　人文资源

图 4-5　以人文资源为素材的服饰图案设计

3．从当今流行社会文化现象中寻找灵感

流行文化是一个时期时装、时髦、消费文化、休闲文化、奢侈文化、物质文化、流行生活方式、流行品位、都市文化、次文化、大众文化以及群众文化等概念所组成的一个内容丰富、成分复杂的总概念。流行文化也是人们对身边事物、现象、趋势的一种思考和态度，作为图案设计师，这种对于流行的嗅觉必须非常敏锐，才能捕捉到最完美、最适合自己所需要的设计元素，并用专业眼光加以提炼、加工，再辅以想象力和创作力，做到流行但不媚俗，专业但不落伍（图 4-6、图 4-7）。

图 4-6　社会文化资源

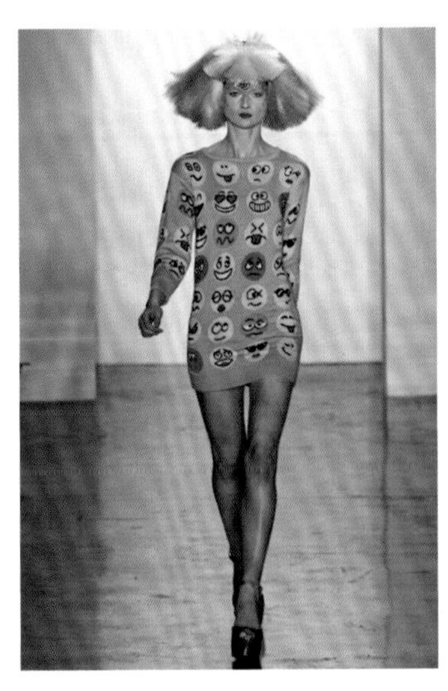

图 4-7　以社会文化资源为素材的服饰图案设计

4．从艺术中寻找灵感

艺术就是反映社会生活，满足人们精神需求的意识形态。其大多为满足主观与情感的需求，亦是日常生活进行娱乐的特殊方式，根本在于不断创造新兴之美，借此宣泄内心的欲望与情绪，是浓缩化和夸张化的生活。文字、绘画、雕塑、建筑、音乐、舞蹈、戏剧、电影等任何可以表达美的行为或事物，皆属艺术。艺术是图案设计最直接的灵感来源，为我们提供设计思路、设计方法、造型来源。作为服饰设计或者图案设计者，关注和研究各艺术门类是最重要的学习方法，如优美的文字描写能够激发我们对于事物的丰富想象，在脑海中绘制出一幅幅精美画卷；绘画艺术为我们解读色彩与造像提供了源源不断的营养；雕塑艺术让我们解读了线条与空间的造型魅力等（图 4-8、图 4-9）。

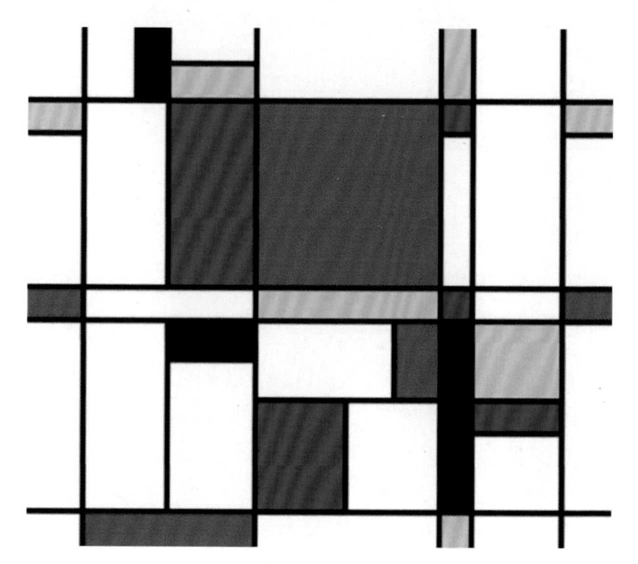

图 4-8　艺术资源

图 4-9　以艺术资源为素材的服饰图案设计

第二节　服饰图案素材的收集方法

一、摄影

Photography（摄影）一词源于希腊语的光线和绘画、绘图，两字合为一词的意思是“以光线绘图”。它是指使用某种专门设备进行影像记录的过程，一般使用机械照相机或者数码照相机进行摄影。有时摄影也被称为照相，也就是通过物体所反射的光线使感光介质曝光的过程。有人曾说过一句很精辟的话：摄影家的能力是把日常生活中稍纵即逝的平凡事物转化为不朽的视觉图像（图 4-10 至图 4-12）。通过摄影，可以从不同角度真实、清晰地捕捉生活中的物象、场景，为服饰图案的设计创作积累大量素材。

图 4-10　植物摄影

图 4-11　动物摄影

图 4-12　风景摄影

二、写生

1．写生的目的

①为设计收集和积累素材。花布图案的设计，装饰纹样的设计，首饰、头巾的设计等，它们上面的一花、一草、一叶以及鸟兽鱼虫、人物动态等各种纹样形象，均取材于自然，经作者的概括、提炼，进而运用到服饰中进行装饰。

②锻炼描绘技能和表现能力。通过写生和观察来丰富对自然形态正确的思维能力和概括能力，以掌握其特征和规律。这样就有利于逐步达到技能和构思相互提高的目的。描绘的技能、表现的能力及对自然形象的特征和规律了解和认识的能力提高了，服饰设计水平也会相应提高。

写生过程中，对自然物象的构造进行观察、分析、研究直至表现，找出物象自然美的部分，虽不是创作，却含有主观上的提炼取舍，在一定程度上含有艺术加工的成分，可使写生作品带有一定的装饰性。

2．写生的要领

①注意“静默观察”。写生的方法应围绕目的来加以总结。方法虽有多种，但在找好对象进行描绘时，首先要有一个“静默观察”的过程，即观察一下对象总的精神面貌及其整体，如花叶的特征，梗枝的生长姿态，总的生长趋势、生长环境，花、叶、梗的比例关系以及色彩的比例关系等；还包括形象的一些逐渐扩张、收缩或起伏卷折的韵律现象。这一过程是很重要的。在这个过程中要对选择好的对象进行一番了解，了解其规律、特征等，经过一番了解和思索，然后进入描绘的过程。如果对这一过程加以重视并运用熟练的话，对描绘对象的观察就会细而深。事后运用写生的素材进行设计时，就能得心应手并能逐步地概括这些规律、特征，熟练地运用于设计。这个观察过程，从没有开笔描绘时起，到描绘结束时均需进行，即先观察，后描绘，边描绘，边观察，步步深入，一直到结束。这样不仅在纸面上记录和积累了素材，更重要的是在脑海里积累了素材。运用观察思索这个过程，对自然形象的记忆也就深刻得多。这也可以说是对自然形象通过写生进行初步提炼加工的过程，这有利于图案纹样在造型上的变化。

②注意构图。静默观察后，就开始着手在纸面上进行描绘，但在描绘时要首先考虑画面的构图。什么景色好看？什么部位适宜？主要的东西应放在画面的什么地方？宾主如何呼应？这都是构图上的问题。构图是写生不可忽视的主要问题之一。

③注意取舍。描绘对象时，必须有一个选择取舍的过程。选择其中必要的东西加以描绘，以突出必要的和主要的东西。由于应用上和构图上的需要，必须进行选择和取舍。这种取舍即对自然形象进行去粗取精、去繁就简的提炼过程。必要时甚至可采取“移花接木”的方法来描绘。

④注意整体与局部的关系。在写生时要学会整体感受，观察入微，通过对自然物象的细致观察和整体联系，找出物象的自然规律、典型特征、动势造型、绚丽色彩等。只有对物象进行整体观察、深入了解后，才能描绘出物象的真实特征。在写生过程中，要求整体上大处着眼，局部上细处入手。若只注意大的形体，而放弃了细部描绘，就容易形成空洞无物的感觉。若只着眼局部，而忽视整体的描绘，则会因缺乏统一感而显得很杂乱。所以，在写生过程中，要在整体的基础上刻画局部，在局部的描绘中充实整体，使整体与局部有机地联系起来。

⑤注意具体的形象描绘。以装饰为目的收集素材，不论使用何种工具，对形象的描绘都要求深入具体。这有利于依据形象的具体特征来进一步加以概括、加工。在写生时要求有清楚的轮廓线；要求描绘物体时，一笔一笔交代得很清楚；细心地寻找，细心地观察，细心地描绘。

3．写生的方法

根据服饰图案设计上的要求不同、选择描绘对象的不同以及应用工具和材料的不同，写生可分为以下几种表现方法（这里选择以花卉为写生对象）。

①用毛笔影绘的方法（图 4-13）。这种描绘方法着重于对物象外轮廓的描绘。其所描绘出的形态既似剪纸所表现出来的效果，又好像白墙上映出的影子。这种方法的优点是能在描绘过程中概括物象，大体抓住物象总的神情面貌，抓住对象外轮廓的特点和生动的姿态。由于阴影描绘，黑白对比分明，外轮廓十分明显，能明确地表现出对象的特点；描绘的物象能使人加强对物象的总体感觉，也便于学习掌握对象明确的造型。这有利于进一步利用它来加强物象形态的装饰性。

图 4-13　影绘

运用影绘方法进行写生时，应该注意避免先勾勒外形轮廓再去平涂其面的方法。这样对描绘技巧的提高不多，也容易流于呆板。在描绘时应该运用毛笔的功能，像传统的国画用笔一样，一笔一笔地画出或点绘。描绘时要针对形象的特点、方向、转折、起伏进行描绘。可充分发挥毛笔的功能，磨炼技巧。应逐步地做到自如地运用毛笔，得心应手地去表现物象。这样描绘的物象更加生动灵活。

这种方法也有缺点，就是在进行描绘时，容易忽略对物象细部的结构、色彩和层次的观察。对于工艺美术设计工作者来说，特别是从事印染设计和写实性设计的人，应该掌握几种不同的写生方法和技巧，深入了解形象的构造，以便于设计时应用。例如，可在这种描绘的基础上进一步用点、线、面来表现物象的体积和细部的处理，或用黑、白、灰等几个层次来描绘，以弥补影绘的不足。

②用铅笔或钢笔素描写生的方法。这是一种最基本、最常用的方法。描绘工具简单，表现灵活。外出写生时用铅笔或钢笔较为方便一些，且易于掌握。铅笔以软硬度为 HB 或 B 的为佳。写生时应着重刻画对象的轮廓、结构、形态和形象，做到线条流畅生动（图 4-14、图 4-15）。

图 4-14　线描（一）

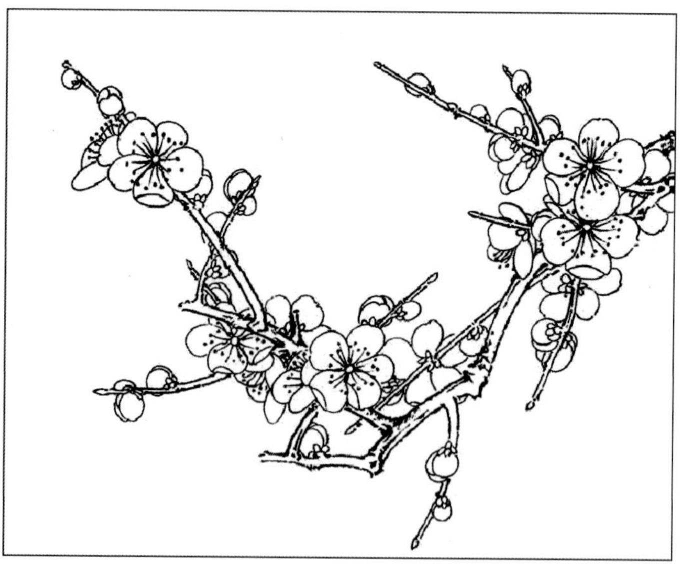

图 4-15　线描（二）

③用水粉描绘的方法。用水粉描绘的优点是物象可以用比较明确的层次来表现，既可以用比较细致的表现方法来描绘对象的细部，也可以用简练的表现方法来描绘对象的大体，同时还可以用多

种多样的笔调来表现物象，或结合水彩画的一些技法来表现（图 4-16）。这种写生方法弥补了以上两种方法的缺点，但对于初学者来说不容易掌握其用色与用笔的技巧。因此，在写生这个课题的练习中，应结合影绘的方法，再穿插黑白灰的层次描绘，由简入繁地分几个阶段来学习，逐步地掌握这种方法。这种方法虽有很多表现技巧，但在写生过程中应多采用简练的色彩层次来表现物象，因为这样可以锻炼写生者对物象的概括能力和造型能力，使写生者在写生时不会为物象烦琐的细部和复杂的色彩关系所迷惑，或感到束手无策。

图 4-16　水粉描绘

④单色写生的方法。将一种颜色加入黑色或白色，分为深、中、浅等色彩层次，即同一色相、不同明度的配色写生，主要表现写生对象的形体和明暗关系。这种方法在进行收集设计素材时经常使用，以便于根据记录下来的形进行加工提炼，重新构图设色。

实践案例 4：写生练习

案例任务：完成一幅线描写生和一幅水彩写生

任务要求：1. 进行植物题材进行写生

2. 写生形态优美、线条流畅、色彩舒适

工具、材料准备：铅笔或黑色水笔、水彩、水彩笔、画纸

实操步骤：（1）观察被写生物象，注意抓住物象的主要形态特点和色彩特点。

（2）用铅笔勾勒物象的轮廓。

（3）进行线描写生或水彩写生，可以从整体到局部进行写生绘制。

（4）完善细节。

实践案例：线描写生

实践案例：水彩写生

思考与训练

1. 服饰图案创作的灵感来源有哪些？
2. 进行花卉写生练习，任选方法，描绘10种花卉形象。

原始的野性力量——动物纹理

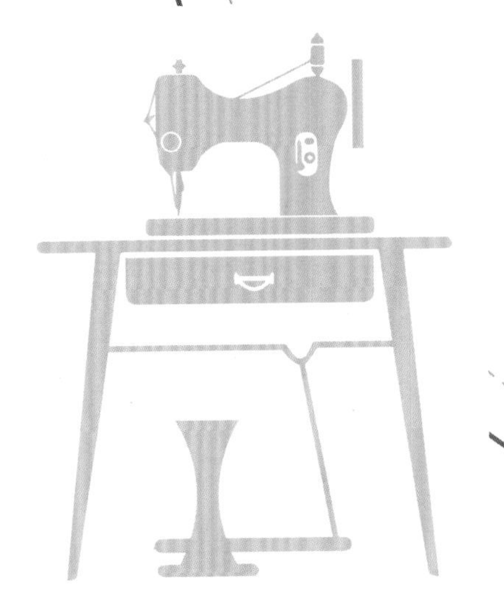

第五章 服饰图案的设计方法

知识目标

1. 理解服饰图案的形式美法则；
2. 掌握服饰图案的变化方法。

能力目标

能够运用各种形式美法则进行服饰图案设计。

素质目标

通过学习美学理论和案例引导，提升艺术鉴赏能力和实践操作能力。

第一节　服饰图案的形式美法则

服饰图案是人类“按照美的规律”进行的一种艺术创造，服饰图案一般是由造型、色彩及构图三大要素组成，这也是学习图案设计的三大关键问题。正确理解三者之间的相互联系，有助于提高服饰图案设计审美水平与艺术创造能力。在长期实践中，人们通过鉴赏和图案艺术创作逐渐发现了一些带有普遍规律性并与其他艺术门类相通的形式法则。这些法则是每位设计者、造型艺术家都要认真研究并应用到设计实践之中去的法则。

一、变化与统一

1. 变化与统一的内涵

服饰图案设计的总体创作原则是“变化的统一”，也被称为图案设计的基本规律。变化与统一是构成形式美的两大要素，是指艺术创作形式的“多样的统一”，是各种造型设计的基本艺术规律。变化是图案创作的方法，没有变化图案就不会丰富，就没有生命力；统一是对各要素的总体管辖，是将变化进行有内在联系的安排与调整。

图 5-1　叶子的变化统一

自然界的物种是丰富多彩、千变万化的，每个物种在各式各样的形态变化中均存在着一种统一的形式和内在的联系。如叶子的形状有成千上万种，但它们大多被统一在一种扁平的形态中，同一种叶子在相同的外形与颜色中又有着细微的个体差异与变化；蝴蝶有变幻奇丽的色彩和复杂的花纹，但它们都拥有特征统一的外形，如图 5-1、图 5-2 所示。

图 5-2　蝴蝶的变化统一

人类具有区别于其他物种的固有特征，而每一种族又有各自的体形、相貌和肤色特点。每个人面目各异，但形态结构却是统一的，人还可以通过服饰和动作的一致性实现群体的统一。宇宙中不同种类的物体都有其共同的特征与个体变化。变化与统一的形式法则存在于自然界中的一切物种之中，如图 5-3、图 5-4 所示。

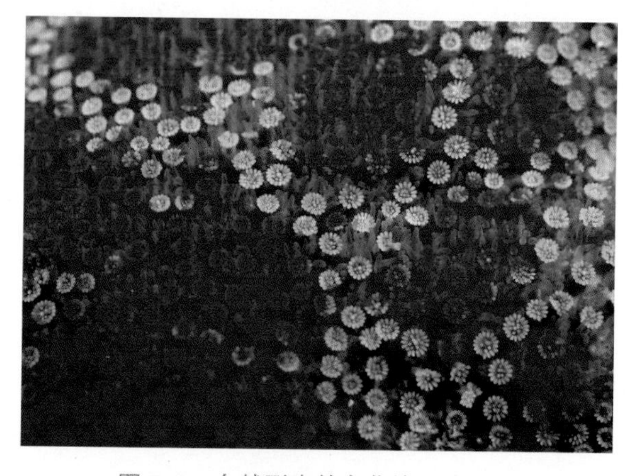

图 5-3　自然形态的变化统一（一）

变化与统一的形式法则是一切事物存在的规律，它来源于自然，也是图案构成法则中最基本的原则。

变化即多样性、差异性，统一即同一性、一致性。图案的变化是追求各部分的区别和不同，图案的统一是追求各部分的联系和一致。变化是指图案不同的构成因素：大小、方圆、长短、粗细、冷暖、明暗、动静、疏密等；统一是指这些因素之间的合理秩序和恰当关系。

变化与统一是相互矛盾、相互联系、相互依存的，二者缺一不可。变化要在统一之中，多样性要建立在整体性之上。统一是变化的基础，变化则相对于统一而存在。只有统一而无变化，图案会显得单调、呆板、缺乏生气；变化过多而无统一，图案易杂乱无章，缺少和谐美。

图 5-4　自然形态的变化统一（二）

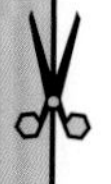

2．变化与统一的方法

图案的变化与统一主要体现在造型、色彩及处理手法等方面。

（1）造型的变化与统一

造型的变化是指形态因素在大小、长短、粗细、曲直等方面的区别与对比，统一则是将这些对比因素作秩序化的组合或形式上的协调。

图 5-5 和图 5-6 是两幅表现同一种植物的图案作品，图 5-5 所示的图案轻柔、纤巧，用线松软、自然；图 5-6 所示的图案厚重、饱满，用线严谨、刚挺。它们分别以不同的语言奠定了各自的风格基调，构成了花、叶、茎造型形式的统一；而在各自统一的形式中，花、叶、茎又有大小、方向及形态的多样性变化，使图案看起来丰富而和谐。

图 5-5　图案造型的变化与统一（一）

图 5-6　图案造型的变化与统一（二）

（2）色彩的变化与统一

色彩的变化主要指颜色在色相、明度、纯度及冷暖上的区别（图 5-7）。色彩的统一则是强调画面要有一个总的色调，使各种颜色有一个和谐的搭配（图 5-8）。

图 5-7　色彩的变化

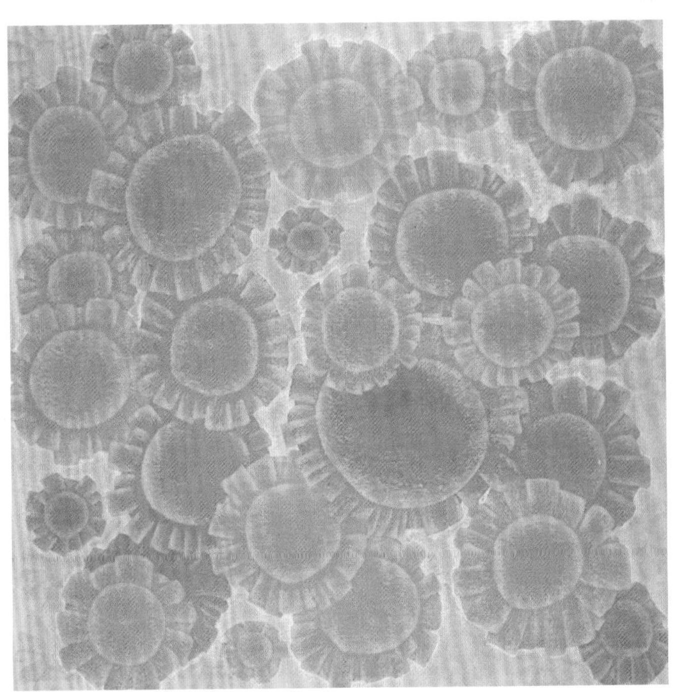

图 5-8　色彩的统一

（3）处理手法的变化与统一

处理手法是实现图案变化与统一的重要途径，图案可以通过统一的处理手法，使多变的内容达到协调，如图 5-9 所示。

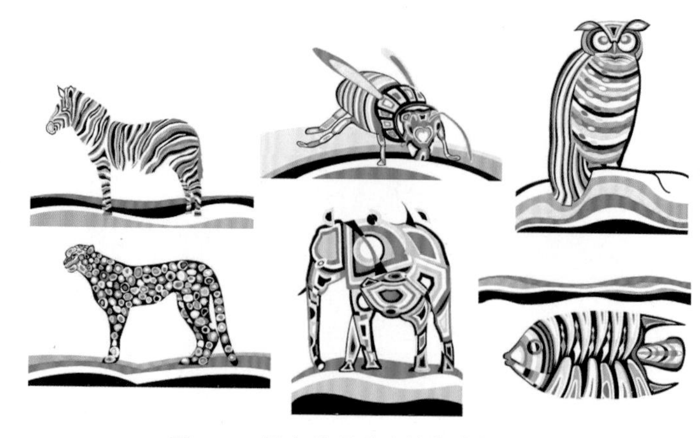
图 5-9　图案处理手法的变化与统一

二、对称与均衡

大自然中的众多生物都有着对称的结构，如花叶、动物、人物等（图 5-10）。

人类对对称的形式有着天然的亲近感，并创造了无数具有对称形式的物体，如建筑、器物、家具、交通工具等，如图 5-11 所示。

均衡也称为平衡，它体现了自然界中生物的动态形式。植物的生长，动物、人物的运动及各类物种的生态共存，均表现为一种平衡状态，如图 5-12 所示。

图 5-10　植物的对称

图 5-11　人造景观的对称

图 5-12　人物动态的均衡

对称与均衡是图案最基本的两种组织、构成形式。对称体现了静感与稳定性，具有端庄、安定的美；均衡则表现了动感和变化性，具有生动、活泼的美。

图案的对称是以假设的中心点为依据，向左右、上下或四周配置同形、同色、同量的纹样，使图案产生整齐、庄重、平稳的效果，如图 5-13、图 5-14 所示。

图 5-13 对称（一）

图 5-14 对称（二）

对称的形式有很多，在后面的学习中将详细介绍。图案的均衡则是以假想的重心为支点，在视觉上保持重心周围纹样量的均等，由形的对称变为量的对称，在变化中求稳定。均衡运用纹样的虚实、疏密、动势和色彩进行对比照应处理，在组织上有较大的自由度，变化更为丰富，如图 5-15、图 5-16 所示。

图 5-15 均衡（一）

图 5-16 均衡（二）

三、条理与反复

条理是“有条不紊”之意，反复是“循环往复”之意，条理与反复即是有规律的重复。

自然中的万物看似繁杂纷乱，实则井然有序，从植物的生长构造（如谷物的排列、花叶的轮生构造）到动物的皮毛斑纹（如斑马条纹、鸟类羽毛、鱼鳞罗列），以及田园的分布、山峰的脉络等，只要仔细观察，随处可发现其极具规律性、秩序化和循环反复的美，如图 5-17、图 5-18 所示。

图 5-17　植物的生长构造

图 5-18　动物的皮毛斑纹

条理与反复既是万物生长固有的形式，也是图案组织的重要原则。条理是对事物有规律、有秩序的组织和安排，是使物象单纯化、统一化的重要手段。在图案中，花瓣纹理排列整齐、叶脉处理手法一致，造型归一，线条均匀，点形描绘到位，面形平整洁净等，都是实现条理化的有效方法，如图 5-19 所示。反复是将相同的形象或单位纹样以某种形式规律往返重复排列，形成整齐、单纯、富于节奏的美感。图案的许多构成形式均具有反复的性质，如对称、转换、旋转、二方连续、四方连续等，不仅达到了变化和统一的效果，而且也便于工艺制作，如图 5-20、图 5-21 所示。

图 5-19　条理

图 5-20　反复（一）

图 5-21　反复（二）

条理与反复是图案特有的一种组织形式，在图案构成中它们往往相互涵盖、不可分割，条理中含有反复的因素，反复更体现了种种条理，如图 5-22 所示。

图 5-22 条理与反复

四、对比与调和

对比与调和是自然界中随时随地存在的生态现象，例如紫花在黄花中的强烈色彩反差，由极为相似的花叶外形达到调和（图 5-23）；黑白大小差异很大的母子马，以它们共有的体貌特征及生死相依的内在亲缘构成和谐（图 5-24）。

图 5-23 色与形的对比调和

图 5-24 颜色、大小形态的对比调和

许多性质截然相反的状态，如昼与夜、生与死、大与小、新与旧，通过一定的调和方式共存于一个事物之中，相互依存、相互衬托。

对比与调和构筑了人们视觉与心理的平衡，是变化与统一原则的重要体现，对比使事物双方充分展示个性特点，增强视觉刺激感，而调和是协调矛盾，使个性化的图案趋于统一。

在图案中，对比是指两种或两种以上性质相反、差异较大的形象要素的配合，如黑与白、方与圆、直与曲、软与硬、浓与淡、疏与密等。对比可使画面产生鲜明、生动、丰富的艺术效果。调和是将性质相同或类似的形象要素进行配合，以缓解差异和矛盾，如圆与椭圆、蓝与蓝绿、方圆结合、刚柔相济、组织技法的同一和类似等。调和多采用渐变或近似的手法来统一画面，以达到和谐、安静的艺术效果。

对比与调和在图案中缺一不可。对比可使画面活泼而富于变化，避免单调与平淡；调和可使对比适度恰当，避免零乱和生硬，达到既变化又统一的视觉效果，如图5-25所示。

图 5-25 对比调和

五、节奏与韵律

图 5-26　自然风景的节奏韵律

节奏与韵律是音乐术语。建筑、绘画、舞蹈等各类艺术形式中都有节奏与韵律的体现，而这种节奏与韵律也是源于大自然中万物生长与运动的规律，如动物的心跳、大海的潮涨潮落、沙漠山谷的绵延起伏、植物生长的动势构造等都充满了节奏韵律感，如图 5-26 所示。

节奏是指运动变化有规律的、交替连续的节拍；韵律是指运动变化的高低起伏、强弱长短所形成的优美而和谐的趋势和韵味。在图案中，节奏表现为形象的造型、色彩、主次、疏密等有规律的布局和变化；韵律则表现为这些变化的总的动势、构架和谐而统一，形成轻重松紧有序、层次丰富分明的整体效果，如图 5-27、图 5-28 所示。

图 5-27　节奏与韵律

图 5-28　节奏与韵律

节奏如同音乐中的节拍，韵律好比音乐中的调子，节奏变化形成美的韵律，韵律赋予节奏美的形式，二者在本质上没有区别，均指有规律的变化，表现秩序美和条理美。

六、比例与对照

比例是一个数学概念，用于造型中是指形象与空间、形象整体与局部、局部与局部之间量的关系，这种量的关系是通过对照衡量来确定的。图案中的形象比例可有多方面的对照标准。

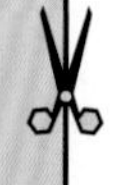

图 5-29 自然的比例尺度

1．参照自然的比例尺度

大自然中万物的形态结构为适应不同的生存需求形成了不同的比例特征，大多是美而和谐的，可直接用于图案的表现之中（图 5-29）。

2．参照画面构成的比例需要

根据画面构成形式的需要来设计图案造型的比例关系，可完全打破自然的比例尺度，自由地夸张变形。这种方式在图案中运用较为普遍，也更富于装饰美感，有较强的艺术感染力（图 5-30）。

3．黄金比例

人们在生产、生活实践中发现和总结了一些最佳的比例方案，为图案设计提供了数理性的依据。众所周知的黄金矩形比例，也称“黄金分割”，它的长边与短边之比是 1 ∶ 0.618 或 1.618 ∶ 1，即长边∶短边 =（长边 + 短边）∶长边。黄金矩形与正方形关系紧密，可根据任意一个正方形作出相应的黄金矩形，如图 5-31 所示。

图 5-30 画面构成的比例需要

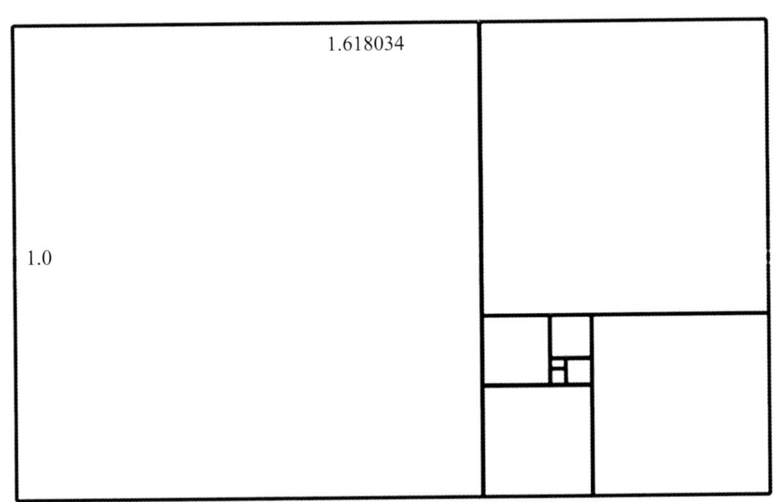

图 5-31 黄金比例矩形

如果去掉以短边为边长的正方形，余下的矩形仍是一个黄金矩形。黄金比例在现实中应用很广泛，纸张、书本、画框、家具等许多方面均较多采用黄金比例。

总之，图案的比例包括造型与空间、形象之间以及色彩之间多方面的关系，在设计中要根据实用与审美的需求来对照设定不同的比例尺度，恰当地安排画面的比例关系，从而达到整体的协调与统一。

七、其他形式法则

1．动感与静感

动与静是生活中一种自然现象，也是图案所要表现的效果。山是静的，水是流动的；建筑物是静的，行人是动的。动与静是相对而言的，风平浪静时的静，不是绝对的静；小河的波浪、大江的波涛和大海的排浪有着强弱的区别；熊猫与猴子相比，熊猫较文静，猴子则喜欢跳动，等等。在图案设计中，变化的因素越多，动感越强；统一的因素越多，越有静感。动与静的对比关系在很大程度上影响着图案的美感。水平线是静的，曲线具有动感；对称的形式，倾向于静；平衡的形式，倾向于动；调和色倾向于静，对比色倾向于动；冷色倾向于静，暖色倾向于动；高明度亮色有动感，低明度暗色有静感；大点状造型有动感，密集小点有静感和素雅感，如图 5-32、图 5-33 所示。

图 5-32　图案的动感

图 5-33　图案的静感

2．统觉与视错觉

统觉是在视觉中所看到的主体形象，具有主导或统领作用。当视线集中在一幅图案的某一点时，是一种形象，当视线转移到另一点时，却是另一种形象，这种现象称为统觉。平面构成中称为“形与底的转换”，心理学上则称为“知觉选择”，如图 5-34 所示。

统觉现象在染织图案中比较常见。一般在规则、均齐的形式图案中，常常会产生统觉效果。

视错觉又称错视，意为视觉上的错觉，属于生理上的错觉。它是指视觉上的大小、长度、面积、方向、角度等，和实际上测得的数字有明显差别，如图 5-35 所示。

图 5-34　统觉效果

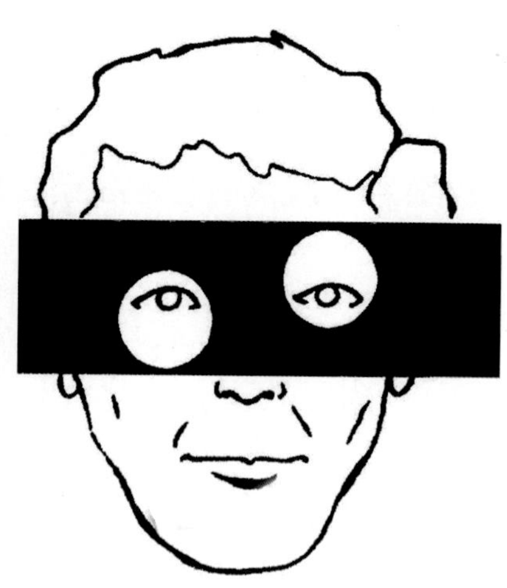

图 5-35　视错觉

许多青年人爱穿水兵的“海魂服”，这种针织衫上有蓝白相间的粗横条，清新爽朗，小伙子穿起来，确实神气。有趣的是，瘦人穿上它，显得丰满，而胖人穿了它，看起来更臃肿了。这是由一种光学现象——视错觉造成的。

观看穿横向条纹衣服的人，为了能看清这些条纹，视线必然会沿着条纹方向移动，不自觉地把条纹长度跟条纹间隔作比较，就觉得横向的宽度增大了。所以，矮胖的人不宜穿“海魂服”之类的横向条纹衣服，而适合穿竖直条纹的服装，如图 5-36、图 5-37 所示。

图 5-36　横条纹服装

图 5-37　竖条纹服装

实践案例 5：形式美法则的应用

案例任务：合理应用形式美法则，将右图单独纹样进行修改设计，使其成为一幅四方连续图案。

任务要求：1. 设计尺寸 20 cm×20 cm，手绘和电脑绘制均可

2. 合理使用单独纹样中的素材，采用适合的形式美法则进行重新构图

3. 四方连续接头准确、构图合理、色彩协调，整体效果美观大方

实操步骤：以电脑 Photoshop 软件设计绘制为例

（1）观察所给的单独纹样，进行主要素材和搭配素材的选取。给出的单独纹样中中间的蝴蝶素材适合作为四方连续的主花，由于其形态呈点状可进行散点式四方连续设计；小雏菊、太阳可作为搭配的小散点使用；半圆字母素材，可进行底纹素材的搭配设计。

（2）新建 20 cm×20 cm 文件，抠取蝴蝶素材，采用条例与反复、节奏与韵律等形式美法则进行散点排列，并搭配雏菊素材；设置底色，根据对比与调和形式美法则，进行底色色相饱和度的调整。

（3）抠取半圆字母素材，拼合成圆形，采用变化与统一、条理与反复、对比与调和、节奏与韵律等法则，将其作为背景底纹。

（4）抠取太阳素材，采用变化与统一、条理与反复、节奏与韵律等法则进行构图；并采用“滤镜—其他—位移”命令，将四方连续进行接头，并对整幅图进行完善。本案例完成。

实践案例：形式美法则的应用

第二节　服饰图案的变化

服饰图案的变化，是指把写生的自然物象，通过变化加工成为具有一定实用价值的图案形象，是服饰图案设计的基本功。

一、服饰图案变化的目的

服饰图案变化的目的是设计，是把各种写生素材，加工变化成为不同类型的图案。服饰图案有着不同的工艺制作要求，如编织图案、刺绣图案等。图案变化是从自然形态到艺术形象的创造，就是通过艺术手法使自然形象更美、更典型、更集中、更理想，给人以强烈的艺术感染力。图案素材来源于生活，图案变化就是取素材中最美、最生动的部分，给以加强和减弱，使之成为符合装饰要求的纹样（图 5-38、图 5-39）。学习图案变化时，应加强对形式美学及装饰传统的学习，丰富自己的想象力，培养设计图案形象的创造力。

图 5-38　图案变化（一）

图 5-39　图案变化（二）

二、服饰图案变化的方法

视频：图案变化的方法

服饰图案变化大体可分为写实变化和写意变化两大类。

写实变化是根据写生的自然形态进行概括、提炼、取舍加工而成的。接近自然形态的写意变化是以写实为基础，适当地归纳简化、夸张处理，以此加强装饰效果（图 5-40、图 5-41）。

写意变化不求形象的真实感，而是追求形象的鲜明及形式美感，追求高度的提炼和极度夸张的统一，追求艺术造型的理想化（图 5-42）。

图 5-40　写实人物

图 5-41　写实花卉

图 5-42　写意图案

图案变化的具体方法可以分为简化法、夸张法、添加法、巧合法、几何法、求全法、拟人法、分解组合法、象征法、寓意法等。

1．简化法

简化是一种提炼过程，是艺术的再创造。它是在不失自然形象特征的前提下，力求达到造型上的简洁与单纯。简化法是抓住物象最美、最主要的特征，去掉烦琐的部分，通过归纳、概括、省略，使物象更单纯、更完整，以加强整体特征的表现。如花朵图案，花瓣多、瓣形复杂，通过删繁就简、以少胜多的处理，使形象特征更加鲜明，创造出整体美感强的图案形象（图 5-43）。

图 5-43　简化法

2．夸张法

夸张法是在简化法的基础上，抓住形象的典型特征，突出强调形与神的美感，以达到主题鲜明、感染力强的审美效果。夸张法有局部夸张、整体夸张和透视夸张等形式，可视需要进行选择（图 5-44、图 5-45）。

图 5-44　原始形象

图 5-45　夸张法

3．添加法

添加法是在简化法或夸张法的基础上，把具有典型特征的形象，合乎情理地结合在一起，充实与美化图案形象，达到构图饱满、变化丰富、主题鲜明、装饰性强的审美效果。

添加是为了使图案纹样更加丰富、更加理想的一种装饰方法。在提炼、概括、夸张的基础上，根据设计需要添加装饰纹样，可增加图案联想的浪漫色彩。如传统图案中的花中有花、花中有叶、叶中有花等。它不受客观形体结构的约束，而是在“意”和“情”上探求符合人们审美要求的艺术创造（图 5-46）。

图 5-46　添加法

4．巧合法

巧合法是一种巧妙的组合方法，如传统图案中的“三兔”“三鱼”“六子争头”等。在图案设计中，选用某些典型的特征，按照图案的规律，巧妙地组成新的图案形象，可使它更富有艺术魅力，如设计的形象巧妙地共用同一条轮廓线或局部的形等。但要注意整体的协调性，充分发挥自己的想象力和创造力（图 5-47）。

5．几何法

几何法是指抓住物象的特征，根据工艺制作、设计要求，把变化的物象处理成几何形，如三角形、圆形、方形、折线形、弧线形等。这种变形的倾向是理性的，其逻辑性较强（图 5-48）。

图 5-47　巧合法

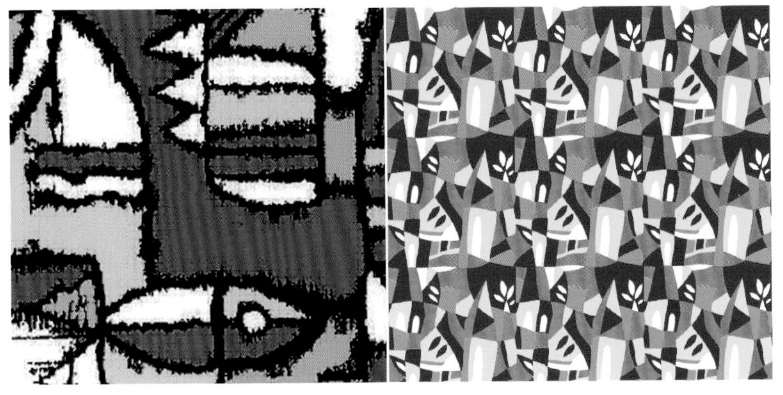

图 5-48　几何法

6．求全法

求全法是一种理想的手法，它不受客观自然的局限。在图案变化中，常把不同时间或不同空间的物象组合在一起，完整地展现出来，给人以完整和美满的艺术享受，如将水面上的荷花、荷叶、莲蓬和水下的藕，同时组合在画面上。又如，把不同季节的花卉，同时设计在一张图案中。求全法打破了时间和空间的局限，满足了人们追求完美的愿望（图 5-49）。

7．拟人法

拟人法是把动物、植物的形象与人的性格特征联系起来，表现出人的表情、动态和感情。如童话、寓言、动画片中常采用拟人法，非常适合儿童的心理，具有丰富的想象力和幽默感，深受人们喜爱。在图案设计中，运用拟人化修饰，可以赋予被表现物人的行为、动作、着装等，强调动态和神态的人格化精神品质，引起情感共鸣，给人以强烈的感受（图 5-50）。

图 5-49　求全法

图 5-50　拟人法

8．分解组合法

分解组合法是设计者将自然对象加以变化、分割位移，再通过并列、重叠、交错、反复、转换、旋转等手法重新组合。创造的图案形象往往融入了设计者的情感和想象。分解组合法可将多种物象分解，把具有美感的局部重新加以组合，构成一个全新的图案形象，如传统图案中的龙凤形象和原始社会的彩陶纹样运用较为普遍，在现代图案设计中也经常运用此法（图 5-51）。

9．象征法

象征是用具体事物表示某种抽象概念或用以象征某种特别意义的具体事物。它以某种形象为对象，取其相似相近加以类比，来表达特定的意义。象征在中国传统图案和现代标志图案中应用广泛，如“长城”表示中国，鸽子和橄榄叶的组合象征和平等。

10．寓意法

寓意是借物托意、以具体实在的形象比喻某种抽象的情感意念。设计者把美好的理想和愿望寓意于一定的形象之中，用来表达对某种事物的赞美与祝愿。民间图案中以蝙蝠、桃子表示“福寿双全”等，就是采用寓意的手法（图 5-52、图 5-53）。

图 5-51　分解组合法

图 5-52　福寿双全

图 5-53　寓意图案

上述几种图案变化的方法在图案设计中可以综合运用。

思考与训练

1．图案的形式美法则包括哪些内容？
2．运用条理、反复的形式法则设计黑白图案一幅。
3．运用节奏、韵律的形式法则设计黑白图案一幅。
4．运用对比、调和的形式法则设计黑白图案一幅。
5．对写生花卉进行图案变化处理。运用简化法、夸张法各设计 5 种图案。
6．收集运用巧合法、求全法设计的图案各 5 种。

条纹图案

白 T 恤图案设计

第六章 服饰图案的配色

知识目标

1. 了解服饰图案色彩的基本知识；
2. 掌握服饰图案的配色方法。

能力目标

能够运用图案的配色方法进行图案配色。

素质目标

培养色彩审美和鉴赏能力，激发学生的创新意识。

第一节　服饰图案色彩基本知识

服饰图案的色彩总结起来有以下两个特点：第一，用色有一定的限量。这不仅因为装饰本身需要高度的归纳与提炼，要用有限的色彩表现丰富的物象，更因为在现实生活中，服饰图案设计要与不同的生产工艺相结合，受成本与工艺因素的限制。第二，设色有较高的自由度。这是指服饰图案的色彩可以根据装饰需要任意设定，完全不必考虑真实的自然色彩，红花绿叶可以画成紫花蓝叶，碧水蓝天可以绘成玄水橙天。夸张的色彩对比变化和迷人的色调处理，是服饰图案色彩的魅力所在。

基于服饰图案色彩的这两个特点，首先应了解一些色彩的基本知识，再结合实践训练掌握服饰图案色彩的配色规律。

一、色彩的基本特性

自然界中的色彩是千变万化的，色彩的变化主要由色彩的色相、明度、纯度及色性来决定。

1．色相

色相即色彩的相貌，是一个颜色区别于其他颜色的特征。色相分为有彩色系和无彩色系。无彩色系即黑、灰、白系列。

一般来说，有彩色 12 色相环中的各色都有较明确的色相，先由红、黄、蓝三原色产生间色橙、绿、紫，再由原色、间色产生复色。12 色相环继而可产生 24、48 等色相环，它们均有很鲜明的色彩倾向，可称它们为纯色。纯色在明度和纯度方面发生变化，能形成丰富的色彩（图 6–1）。

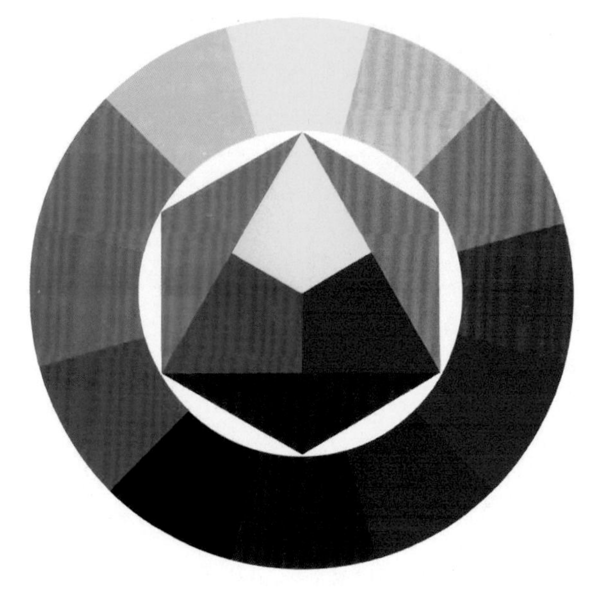

图 6–1　色相环

2．明度

明度是指色彩的明暗或深浅。纯色本身就有明度变化，从 12 色相环图中可以看到，黄色明度最高，紫色明度最低，其他颜色则依次形成明度的过渡转化。此外，在无彩色系中，白色明度最高，黑色明度最低，黑与白之间有明度渐变的灰色系列。要提高一个颜色的明度，可适量加入白色；要降低一个颜色的明度，可适量加入黑色，但在加白或加黑的同时，颜色的纯度也会降低。

明度色标（图 6–2）是认识和区别色彩明度的重要工具。

一般情况下，人们把明度低于 3 度的颜色叫暗色，明度高于 7 度的颜色叫明色，3 度和 7 度之间的色叫中明色。

图 6–2　明度色标

3．纯度

纯度是指色彩的鲜艳度或饱和度，也叫彩度。从理论上讲，三原色纯度最高，间色次之，复色、再复色的纯度则逐渐降低。但无论怎样，色相环上的颜色仍有较高的纯度。当一个纯色加入黑、白、灰或补色（色相环上相对 180° 的两个颜色）时，其纯度就会降低，纯度降低到一定程度，颜色就会失去其明确的色相。就好比在现实生活中，许多物象很难说清它的色相，只好说它们偏红或偏绿等。所以说，纯度越高，颜色的色相倾向越明确；纯度越低，颜色的色相倾向越弱。当颜色纯度降至为零时，就成为无彩色灰色。如图 6–3 所示为纯度色标，在这个纯度色标中，接近纯色的色叫高纯度色，接近灰色的色叫低纯度色，处于中间状态的叫中纯度色。

图 6–3　纯度色标

4．色性

色性是指色彩的冷暖倾向和冷暖感觉。色性是由人对现实生活中不同事物颜色的感受而产生的一种感官经验联想，如红黄色令人联想到火焰、血液，具有温暖感；蓝紫色令人联想到冰雪、大海，具有寒冷感等。

色彩的冷暖是相对而言的，在两极之间冷暖色的过渡渐变显示了不同色相的冷暖关系。任何一种颜色的冷暖感觉都是由周围色彩的对比决定的，如绿色与黄色相比偏冷，与红色相比更冷，而与蓝色相比它又偏暖。在同类色相中，如黄色，柠檬黄要比中黄冷，橙黄则比中黄暖。一种颜色，与暖色相比它可能偏冷，与冷色相比它可能偏暖。一种颜色会随周围色彩环境的变化而转变自身的冷暖性质。此外，一种颜色加白后会变冷，加黑后会偏暖。

总之，色彩需要比较。要获得一个颜色理想的明度、纯度和色性，只有把颜色摆在一起进行比较和调整，才能得到所设想的效果。

二、图案色彩的配置

图案的色彩强调归纳性、统一性和夸张性，尤其注重对整体色调的设定。如何搭配好图案的颜色？可以从以下几方面探寻规律并进行练习。

1．图案基本色调的设定

图案的色调是指一幅画面总的色彩倾向。色调可以是亮色调或暗色调，鲜艳色调或含灰色调，也可以是冷色调或暖色调，或是有某一色相倾向的色调，如：红色调、绿色调、黄色调等。每一种色调中的颜色均可以有色相、明度、纯度及色性的变化，使色彩更加丰富。在调配一幅图案的颜色之前，首先要对图案的色调有一个总体的构想，确定大的色彩基调，具体的颜色搭配都应与基调的构想相呼应。颜色的面积比例关系也对色调起着至关重要的影响（图 6–4）。

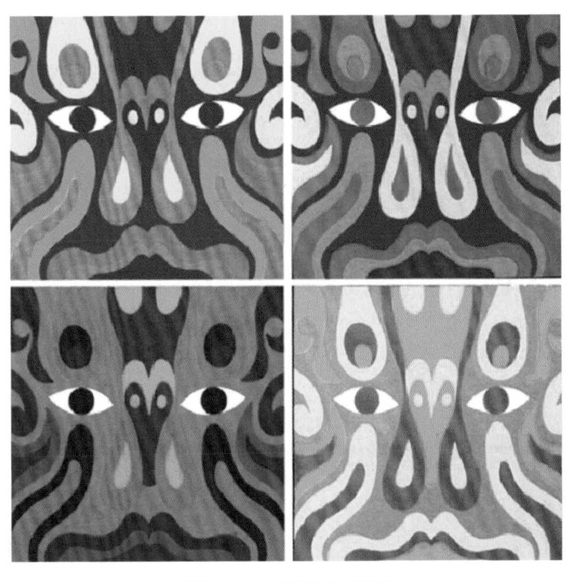

图 6–4　图案的色调

2．调和色的配置

调和色包括同类色和邻近色，这类色彩的色相差别小，对比弱，比较容易获得和谐的效果。

色相接近的那些色（色相环中相距 30° 左右的色）称为同类色；色相差别适中的那些色（色相环中相距 50° 左右的色）称为邻近色。

（1）同类色

同类色一般指单一色相系列的颜色，如黄色系、蓝绿色系等。同类色因色相纯，效果一般极为协调、柔和，但也容易使画面显得平淡、单调。同类色在运用时应注意追求对比和变化，可加大颜色明度和纯度的对比，使画面丰富起来。以 24 色相环来划分，色相环中相距 45° 角，或者彼此相隔二三个数位的两色，为同类色关系，属于弱对比效果的色组。同类色色相主调十分明确，是极为协调、单纯的色调，能使色调调和、统一（图 6–5）。

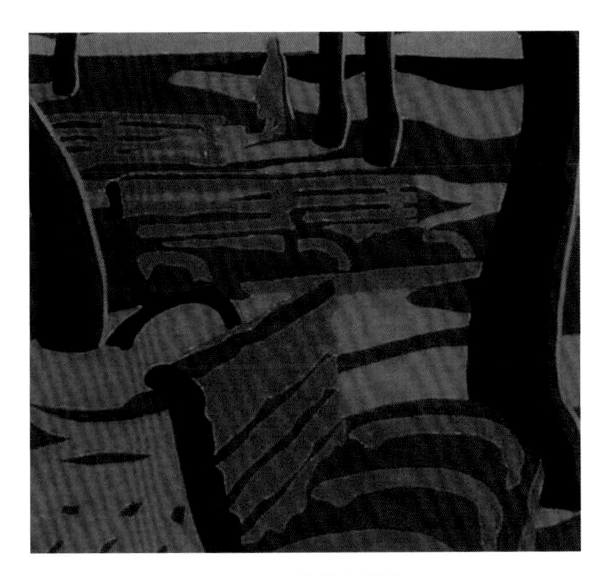

图 6–5　同类色调和

（2）邻近色

邻近色指色相环上 90° 以内的颜色，如黄色与绿色、蓝色与紫色等。邻近色因相距较近，也容易达到调和，而且色彩的变化要比同类色丰富。邻近色在运用时，同样应注意加强色彩明度和纯度的对比，使邻近色的变化范围更宽、更广（图6–6）。

3．对比色的配置

色相环中相距135° 角或者彼此相隔八九个数位的两色，为对比色关系，属于强对比效果的色组，色相感鲜明，各色相互相排斥，比较活泼。配色时，可以通过处理主色与次色的关系达到调和。在24色相环中彼此相隔十二个位数或者相距180° 角的两个色相，为互补色关系。互补色组合的色组是对比最强的色组，具有刺激性和不安定性。配色时可通过主色相与次色相面积大小的不同，或者分散形态的方法来缓和过于激烈的对比。

（1）降低纯度

对比色在颜色纯度较高时对比比较强烈，如果将对比色一方或几方纯度降低，比如加入灰色或将对比色彼此少量互调，可使色彩变得含蓄、温和，达到既变化丰富又和谐统一的效果（图6–7）。

（2）面积调和

对比色在面积较大且均等时往往对比最为强烈，如果将一种对比色做主色，大面积使用，其他对比色为辅色，少面积点缀，可以使对比减弱，达到统一。也可以将对比色分割成较细小的面积并置使用，类似于空间混合，使色彩远看能混合成一体，从而达到统一（图6–8）。

（3）无彩色调和

在对比色配置中运用黑、白、灰、金、银等无彩色，将对比色间隔开，是使对比色达到协调统一极为有效的方法（图6–9）。

图6–6 邻近色调和

图6–7 降低纯度

图6–8 面积调和

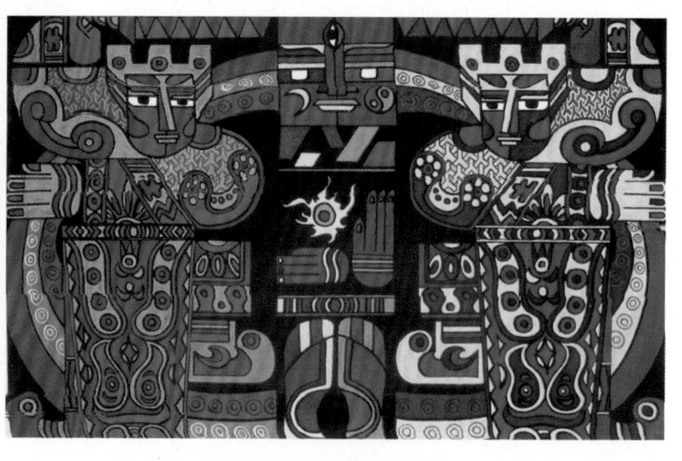

图6–9 无彩色调和

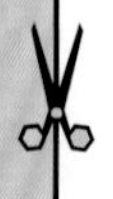

（4）色彩系列化过渡

按照色相环的顺序，选择两个对比色之间的系列色相与对比色同时使用，如在使用橙色与蓝色的同时，使用黄橙、黄、黄绿、绿、蓝绿等色，并将它们秩序化排列，使对比色产生一种渐变的效果，达到和谐统一（图 6-10）。

图 6-10 色彩系列化过渡

4. 其他艺术作品色彩的提取配置

图案的色彩也可以借鉴绘画、摄影、民间美术、工艺美术品等其他类型的艺术作品的颜色搭配。因为这些艺术作品本身已有比较完整的构思和比较理想的色彩效果，特别是现代风格的绘画作品及民间工艺品的色彩更具有较高的概括性和装饰性，可以直接仿照，但应注意造型上要有所区别，以免画面效果过于相似。

借鉴摄影及写实绘画作品的色彩要注意归纳、提炼，因为这类作品往往颜色变化较多，过于细腻、微妙，不符合图案的色彩要求。在借鉴及运用其他类艺术作品的色彩时，同样要注意局部颜色与整体色调的关系，颜色的穿插及位置的安排均要仔细推敲，方能恰到好处。

5. 自然色彩的提取配置

大自然中许多事物本身就有很好的色彩搭配，如花卉昆虫、飞禽走兽、石头草木及海洋生物等，它们美妙的颜色配置是人们主观无法设想出来的，为图案的颜色设计提供了很直观的参照。平时要注意观察生活，经常到大自然中去收集各种类型的色彩组合素材，将它们记录下来。

许多自然物的颜色配置是可以直接提取使用的，在运用中，除了要保持颜色的色相、明度及纯度关系相对准确之外，更要注意各颜色的面积比例关系和位置关系。这是保持自然色彩原有整体感觉无大偏差的重要条件。如果忽视这一条件，将颜色的比例关系搞错，如将某种颜色面积使用过大或过小，或将某种特有的颜色位置关系打乱，就会改变色彩原有的色调，无法达到期望的色彩效果（图 6-11）。

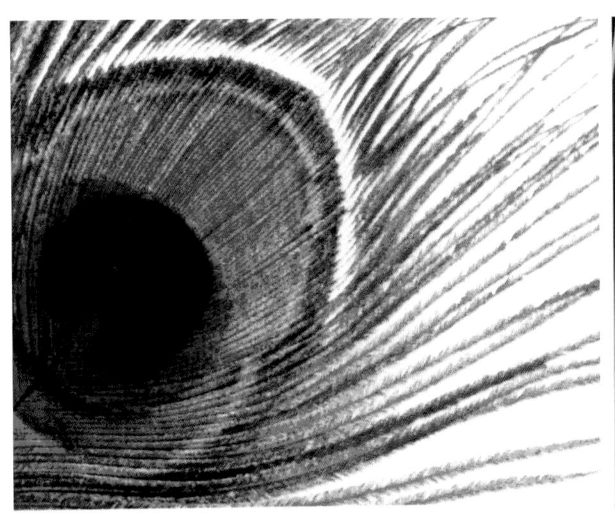

图 6-11 自然色及其应用

实践案例 6：色相配色设计

案例任务：使用 Photoshop 进行同一幅图案的四种不同的色相配色设计。

任务要求：1. 新建尺寸 60 cm×40 cm

2. 绘制色相环，按照色相配色进行四种不同的配色设计，每种配色设计不少于四套色

3. 完成后按照下图进行排版

实操步骤：

（1）新建 60 cm×20 cm 文件，并横竖每 20 cm 新建参考线。

（2）使用椭圆选框工具和选区相减绘制色相环选区，使用渐变工具角度渐变拉出色相环，并放入左上角第一格中。

（3）在左下角的格中，建立每个配色方案及其套色色块。

（4）按照色相对比配色的方式在色相环进行四种不同的配色选取和搭配。也可以使用 Photoshop 自带的“窗口—扩展功能—Kular”进行配色设计。在 Kular 中，有类似色、单色、三色组合、互补色、复合色、暗色等配色方法，也可以自定义，自己选择配色。选好的色块双击鼠标左键即可将前景色换为色块上的颜色。

（5）将同一幅图案或线稿图案放入右侧四个格子中，进行所取四种配色的色彩调试，最终完成配色设计。本案例完成。

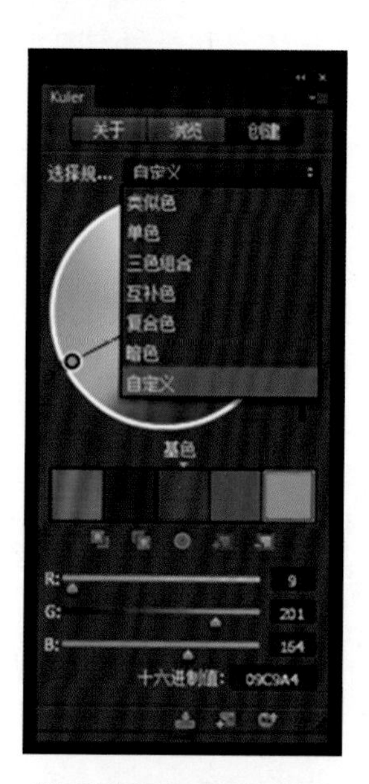

实践案例：色相配色设计

第二节　服饰图案的配色方案

服饰图案配色方案的选用是在色彩构思、色彩情调确定的前提下进行的。为了使图案设计效果既完整又富于变化，就必须使色彩的配置组合协调、生动而有韵律。此外，还要重视色彩的心理、色彩的配合、色彩的呼应、色彩的重点等。

一、色彩心理

色彩心理作用是设计者与消费者心灵沟通的桥梁，是着装者内心意识的反映。不同性格、不同年龄、不同环境、不同民族、不同地区、不同习俗的人，对相同的色彩有不同的感受。图案设计者应调查研究人们对色彩的心理反应和情感效果，选择和构思与之相吻合的色调，以适应人们的爱好和需要。色彩影响人的感情，取决于个人和社会两个因素。选择色彩既要注意共性，又要考虑个性。

二、色彩配合

服装图案色彩的配合是综合性艺术。要想取得良好的色彩效果，就需要考虑色彩和对象、时间、环境的关系。

1．对象

对象是指穿着者和个体的人。由于穿着者的体型、年龄、性格、职业、爱好、修养等各不相同，对图案色彩的选择也各不相同。为体型较胖的人设计图案色彩，应采用具有收缩感的冷色调，图案应为小花型；而为体型较瘦的人设计时，则应选用具有膨胀感的暖色调，图案应为大花型；为性格热情奔放的人设计，可选择红色相或邻近色；而性格比较活泼的，可选用橙色或黄色为主色调的图案；性格比较温柔的偏向浅粉色；性格比较内向的偏重于灰色。

2．时间

时间是指不同季节和各个时代的时尚变化。春夏服装图案色彩一般选用明度较高的冷色，秋冬则选用明度较低的暖色。另外，每个时代都有反映该时代的主色调，如 20 世纪 60 年代受“文革”时期军装的影响，普遍以绿色为时尚；到了 70 年代，蓝色、灰色受欢迎；改革开放以后，明快、鲜艳、多变的色彩成为时尚并流行。

3．环境

环境是指不同的地点和场合。地点和场合的不同使得选择的服饰图案色彩也不相同。结婚的庆典环境与气氛使人们多选择喜庆、热烈的红色和有图案的服装。比如男子的领带图案与色彩选择，若是正式场合要用中性色、斜条纹领带；半正式场合多选用纯度较高、明度适中的点状花纹领带；非正式场合多选用各色对比的花型领带。

三、色彩呼应

在服装图案配色中，呼应是使色彩获得美感的常用方法。它既反映在图案本身之间的色彩关系上，也反映在图案色彩与服装色彩、人物肤色等方面。例如，服装图案色彩设计原则之一就是使图案色彩中至少有一种色彩与服装面料色彩相同或相近，以达到统一的目的。配色时，任何色彩的出现都不应是孤立的，需要与类似色彩彼此呼应，甚至包括与着装场合的色彩呼应。如一个具有民族风格的酒店，其服务人员的服装一定是民族样式风格，一定要选用民族图案和色彩才能形成一致的风格（图 6-12）。

图 6-12　色彩的呼应

图 6-13　色彩的重点

四、色彩重点

所谓色彩重点，是指图案配色中设置突出的色彩，即强调色调中的某个部分（图 6-13）。配色时，为了弥补整个色彩的单调感，选择某个色加以重点表现，从而使服装图案整体色调产生注目感。色彩重点也经常表现在服饰配件图案上，如头饰、项链、胸针、腰带、围巾、纽扣图案等。在图案的重点色彩应用上要注意以下几点：

①图案中的重点色应使用比其他色调更强烈的颜色，以达到突出重点色的目的。

②作为重点的色彩，应选择与整体色彩既对比又调和的色彩，以达到对立统一的目的。

③重点色的面积不宜过大，否则会失去重点色的性质。

④选择重点色需要考虑整体配色的平衡与分割，避免出现重点色的孤立状态而带来不和谐的配色。

服装图案不是独立存在的，确定服装图案的配色方案必须服务于服装的整体造型，要从图案的配色设计和服装的整体设计两方面来考虑，只有这样才能够对图案的配色进行完美的诠释。

第三节　服饰图案与流行色

流行色是一种时尚观念，要使这种观念得到落实，就必须找到合适的载体，也就是产品。其中衣着是变化最大、最快的载体，而且类型多样，组合方式灵活，最适合施加色彩。也就是说在进行设计时，找到合适的服装款式、图案造型，再进行色彩组合搭配。流行色不是孤立存在的，它必须与图案造型、图案艺术风格的合理搭配、表现手法等有机地结合在一起，才能够创造出令人赞美的艺术服装。

一、服饰图案的造型变化与流行色

在图案设计的过程中，服饰图案的造型设计与变化是运用形象思维的方法，由具象到抽象，进而体现一种服装造型整体美感的过程。在这个过程中，如何运用流行色，对图案的造型设计起着至关重要的作用。比如，图案色彩及流行色主题的选用应该符合服装的图案造型特点，进而体现服装的整体风格特征等。

比如，近几年国际上流行自然色调，如大地色、森林色、沙滩色、热带丛林色、沙漠草原色、海洋湖泊色、大理石色、漂流木头色、花卉芳草色等流行色调。从色卡几十个色相中可选用某一色组的几个色，图案以大自然景色如亚热带植物、花卉、飞禽、果实等自由组合，布局灵活多样，奔放活泼，采用大块面，泥点撇丝手法，整个笔触富有流动感，展示自然的情调。图案色彩也可选用流行色卡中的关键色相。流行色的应用依靠设计者丰富的想象力并与具体设计对象相结合，才能产生特定的作用和效果（图 6-14、图 6-15）。

图 6-14　自然色调流行色

图 6-15　服饰图案流行色的效果

二、服饰图案的艺术风格与流行色

服饰图案的艺术风格，是指包含着某个时代和民族的审美精神和艺术创造所形成的丰富的图案艺术风格样式，主要有民族风格、自然风格、优雅风格、浪漫风格等。在进行不同图案风格的色彩设计时要根据其风格特征来选用主题流行色。如民族风格的图案，宜选用高明度、高纯度、色彩鲜艳、对比强烈、具有民族特点的流行色彩组合；浪漫风格的图案，宜选用中明度、中纯度的色彩，倾向冷色调，以紫、蓝等为主（图 6-16）。

在图案色彩设计过程中，流行色必须与图案形象、结构、表现手法相结合，全盘考虑，使流行色调和图案风格相协调。服装设计师正是恰当地运用了流行色的艺术特质，挖掘出图案所蕴含的文化和美的元素，并把它们与时代风貌相融合，才创造出无数令人赞美的艺术服装。因此，对图案流行色的准确鉴别和正确把握，是进行服装艺术设计的主要任务之一。

图 6-16　服饰图案的艺术风格与流行色

思考与训练

1. 图案色彩的调和方法有哪些？
2. 运用图案色彩进行图案配色练习。

几何图案最新设计趋势

第七章 服饰图案的表现技法

知识目标

熟悉服饰图案的各种表现技法。

能力目标

能够运用各种表现技法绘制服饰图案。

素质目标

培养学生理论联系实际、实事求是的科学精神和应用能力。

掌握了服饰图案色彩的配色规律，再恰当地运用一定的描绘技法，可以使服饰图案更具魅力，并展现出与众不同的个性。

图案色彩不同于一般的写实色彩，它要求有很强的装饰性。每一幅图案的色彩需控制在一定的套色之内，给人的第一感觉应是色彩鲜明、对比强烈，套色简练且恰到好处。图案色彩不需模拟自然景物的色彩，只要求色彩具有明快的装饰效果。配色时设计者可自由选择能达到设计意图的任何色彩。

第一节　点、线、面结合的套色表现技法

点、线、面结合的套色表现技法是较传统也是最常用的一类图案表现技法，一般用水粉颜料调配出几套或十几套颜色，先铺一个底色，然后将图案纹样转印到底色上，再用不同的颜色一层一层地描绘覆盖上去，要求颜色涂染得均匀、干净、平整。描绘时可采用以下方法。

一、平涂法

平涂法是将调好的色彩均匀平整地涂在已画好的图形里（图 7-1、图 7-2）。调色时应注意颜料的浓度，太干则涂不开，太湿又涂不匀，颜料要浓淡均匀，否则会影响到画面的效果。

平涂法把一切自然现象抽象化，排除模仿，强调图案造型的纯粹性和创造性，抛弃透视法与气氛的束缚，从而以一种稳定的、均衡的、有节奏的造像效果塑造新的视觉形象。此法也是图案设计中最基本、最常用的表现技法，平、板、洁是其鲜明的艺术特征。运用大小不同的色块来描绘纹样，主要靠色彩的面积对比和层次变化来达到画面的和谐统一。

图 7-1 平涂法（一）

图 7-2 平涂法（二）

二、勾线法

勾线法是在色块平涂的基础上，用色线勾勒纹样的轮廓结构，可以使画面更加协调统一，纹样更清晰、精致。线条可以有各种形式的变化，如粗细、软硬、滑涩等。上色时，既可以不破坏线形，也可以有意地对线条进行似留非留、似盖非盖的顿挫处理，从而使线形更加富有变化。勾勒的线形依据艺术立意可粗、可细，勾勒线条的工具可为毛笔、钢笔和蜡笔等。在图案中用不同特点的线进行勾勒，会得到不同的效果，可以增加画面的层次、协调画面的色彩关系（图 7-3、图 7-4）。

图 7-3 勾线法（一）

图 7-4 勾线法（二）

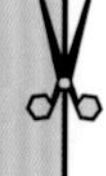

三、点绘法

点绘法是在大面积色块平涂的基础上，以点点缀画面，体现形体的虚实、远近晕变的特殊变化效果。用色点绘制细部结构的变化，能形成色彩的空间混合效果，并形成立体感。点的大小应尽量均匀，否则整体效果会受到影响（图 7-5、图 7-6）。

图 7-5 点绘法（一）

图 7-6 点绘法（二）

四、推移法

推移法是运用色彩构成中推移渐变的方法表现形象块面与层次的关系，既可使图形色彩富有层次感，又能使整体有变化。其方法是用深浅不同的色彩或色相的转换进行多层变化。将一套或几套颜色按照一定的明度系列或色相系列渐变调配好，并把图案纹样分成等量或等比的阶段，将渐变的系列颜色顺序填入纹样，便形成色阶变化。推移法画出的图案十分和谐，富有韵律。这种方法主要分为单色推移、色相推移、冷暖推移及纯度推移等。运用推移法得出的图案具有鲜明的节奏感和韵律感，给人以耳目一新的感觉（图 7-7、图 7-8）。

图 7-7 推移法（一）

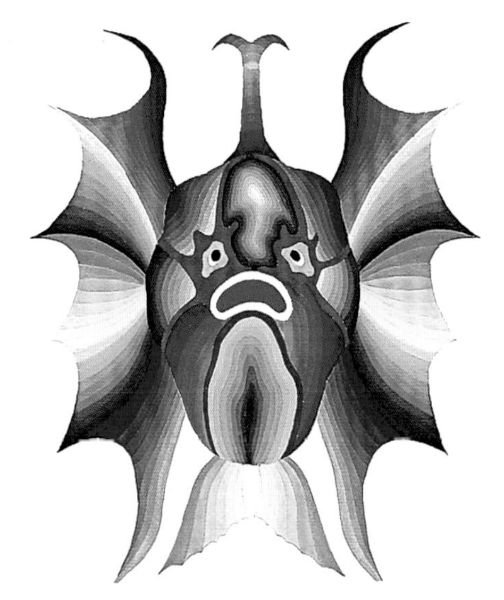

图 7-8 推移法（二）

五、透叠法

透叠法是利用色彩构成中色彩相互交叠后能够产生新形、新色原理创作图案的方法。此法能增加画面层次与空间感。以色与色的逐层相加，产生另一种色相、明度、纯度等不同的色彩。该方法一般用来表现透明或需要加深的颜色。相加色彩的次数，可以是三次或四次，甚至更多，一般来说，以纸张的承受力、颜色的覆盖力和所要表现的效果为准。比如表现纱的效果时，可以运用透叠法，由浅至深，逐层、逐次晕染，使其产生透明的效果（图 7-9）。

图 7-9　透叠法

实践案例 7：推移图案的设计与绘制

案例任务： 设计并绘制一款色彩推移图案

任务要求： 1. 设计尺寸 20 cm×20 cm

2. 手绘或电脑绘制均可

3. 色相推移、明度推移、纯度推移均可

实操步骤： 以电脑 Photoshop 软件设计绘制为例

（1）新建 20 cm×20 cm 文件。进行 Photoshop 推移操作。

①推移方法 1：拾色器取色。点开前景色拾色器，“H”代表色相，数值在 0~360，“S”代表纯度，“B”代表明度，数值均在 0~100。如果需要进行色相推移，则任选一个饱和度和明度值固定不动（注意纯度值不要太低、明度值不要太高或太低），代表色相的“H”值，可以等距差选择，如 0、20、40、60……，即可得到色相推移；如果需要进行明度推移，则固定色相和纯度值（注意纯度值不要太低），代表明度的“B”值在 0~100 等距差选择即可，纯度推移同理。

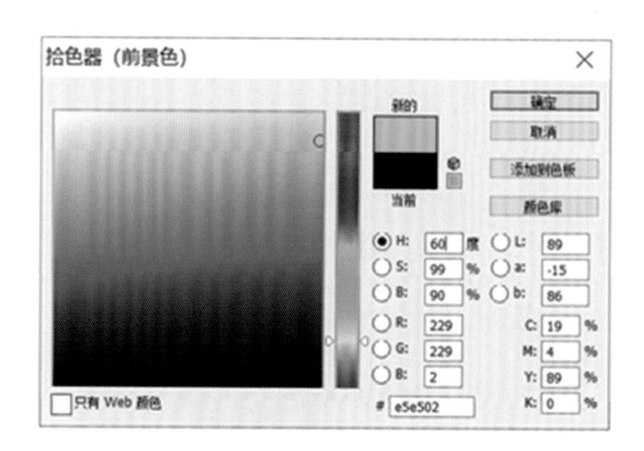

②推移方法 2：色相饱和度调整。使用“图像—调整—色相 / 饱和度”命令（快捷键 Ctrl+U），进行推移时，色相、饱和度（即纯度）、明度值在 -100~100 等差变化即可。

（2）完成推移后，可将图层进行合并，对图层进行变形、抠取形状等各种处理，形成推移图案作品。

推移小技巧：可以使用 Ctrl+T 自由变换和 Ctrl+Alt+Shift+T 重复自由变换两个命令组合，产生分形图案，再使用色相 / 饱和度命令进行推移操作，可产生分形推移的效果。

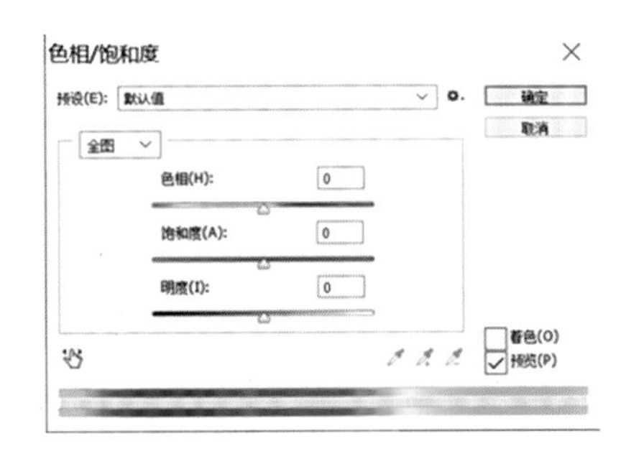

实践案例：推移基本步骤

实践案例：推移小技巧

第二节　干湿结合的混色表现技法

混色与套色的不同点在于，混色对画面的颜色有意识地进行了不均匀的处理，产生了浓淡、深浅、薄厚、粗糙与细腻等多重变化，使图案的色彩效果更加奇妙、丰富。颜色干湿、薄厚的运用是这类技法的主要特点。混色法有以下几种方法。

一、干擦法

干擦法即用较干的笔蘸色，擦出物象的结构和轮廓。使用该方法时，画面中会出现飞白的效果（图 7-10）。

图 7-10　干擦法

二、刮色法

刮色法是指利用某种硬物、尖状物或刀状物，刮割画面，使其产生一种特殊效果的方法（图 7-11）。由于刮割法对纸张有损害，运用此法时，需考虑刮割的深度与纸张的质地和厚度，以免划破纸张。

三、撇丝法

撇丝法指用毛笔蘸好色，将笔头分成几小撮来绘制图案形象的特殊用笔方法。在采用此法时，笔头的分撮与形象面积的大小、线条的长短粗细，关系密切。另外，颜色的浓度非常讲究，既不能太湿，也不能太干。干湿程度应以描绘对象时流畅自如为宜（图 7-12）。

图 7-11　刮色法

图 7-12　撇丝法

四、皴染法

皴染法一般多与色块平涂法结合使用，在底纸或底色上，用干毛笔蘸上不加水的颜料蹭到画面上，类似于中国山水画中的干皴法，不仅可以使色彩丰富，还能产生一种肌理变化（图 7-13）。

图 7-13　皴染法

五、渲染法

渲染法又称水色法，是利用颜色能在较多的水分中自行混合的特点对图形进行着色的方法，可得出色彩自然混合的效果，常用来表现色彩由浓而淡、由浅及深的过渡效果，属于中国传统工笔画的表现技巧。其特点为画面层次感、虚实感和起伏感强，视觉效果丰富而细腻。

渲染法可分成薄画法和厚画法两种。

1．薄画法

薄画法是指用水彩、稀释水粉等水分较足的颜料上色后，用毛笔蘸水渲染或与另一色衔接，也可依靠水色自然融合。渲染法画出的图案色彩绚丽奇妙、效果明快，适用于画背景或较大面积的纹样底色（图 7-14）。

2．厚画法

厚画法也叫晕色法，主要使用水粉颜料，在颜色未干时，用湿毛笔将颜色慢慢染开或与其他色衔接，形成从一种颜色向另一种颜色的逐渐过渡。渲染法绘制的图案效果含蓄，变化微妙，颜色衔接较自然（图 7-15）。

图 7-14　渲染薄画法

图 7-15　渲染厚画法

实践案例 8：撇丝法的绘制

案例任务：使用撇丝的表现技法绘制图案

任务要求：1. 绘制一幅花卉图案

2. 花卉形态优美、线条流程、撇丝表现细致、色彩搭配合理

工具、材料准备：铅笔、水彩、水彩笔、画纸

实操步骤：

（1）使用铅笔轻轻打好花卉轮廓，并使用平涂法均匀涂上花和枝叶的颜色。

（2）进行撇丝表现，先使用比花深一点的颜色绘制花瓣上主要的撇丝效果。

（3）分别使用偏黑的颜色和白色，进行阴影和高光部分的撇丝表现。
（4）使用同样的方法绘制叶子上的撇丝效果。本案例完成。

实践案例：撇丝法的绘制

第三节　不同材料、工具结合的特殊表现技法

在图案设计表现中，使用不同的材料、工具，会产生不同的效果。在这里介绍几种常用的工具、材料结合的表现技法。

一、彩色铅笔绘制法

彩色铅笔是一种携带和使用都很方便的工具，可单独使用，也可与其他工具结合使用，如使用彩色底纸或与水粉、水彩色同时使用。彩色铅笔有普通型和水溶型两种，水溶型彩铅是先将彩色笔颜色画好，再用清水毛笔进行润色，将干色变成湿色，可反复进行。彩色铅笔配色丰富，适合较深入细致的刻画，可表现立体感，并有一种独特的笔触纹理效果，变化微妙、灵活。

彩色铅笔的色彩深浅、浓淡主要靠用力的轻重和叠加的遍数来调整，它既可通过叠色产生丰富的色彩变化，又具有色彩空间混合的效果，近看是不同颜色的笔触并置，远看则是完整的统一色。彩色铅笔在描绘时不易修改，因此颜色不要一下就画得很重，可以层层叠加，从轻到重，从浅到深。此外，彩色铅笔不适合大面积着色（图7-16）。

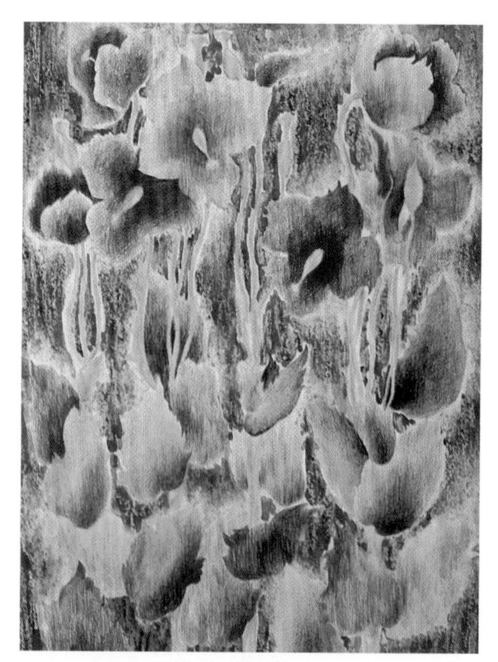

图7-16　彩色铅笔表现

二、喷绘法

喷绘法是指采用特制喷笔绘出具有渲染、柔润效果的装饰造型手法。特点是层次分明、制作精致、肌理细腻，给人以清新悦目、精工细作的美感。

喷绘法既可使用专门的喷笔绘制，效果细腻柔和，变化微妙，也可以使用牙刷等有弹性的刷子，将颜料蘸到刷子上，再用手指弹拨，将颜色弹到画面上，通过手指的力度控制喷点的精细度和密度，可产生一种喷洒的肌理效果。在喷绘时，要制作一些纸模板，将不喷色的部分沿纹样轮廓遮挡起来，然后一遍遍、一层层地喷绘，直到效果满意为止（图 7-17）。

三、沾染法

沾染法又称点蘸法。此法是在涂好底的画面上，以人为的工具、材料点蘸上颜色，按画面的需要进行点印、修饰。依靠用力的轻重控制颜色的浓淡层次，可产生画笔无法绘制的纹理效果。沾染法使用的颜料不宜太湿太稀，而且不宜大面积运用。如需多层点印，要待第一层颜色干后，再进行下一层的操作。这种方法可以获得特殊的画面效果（图 7-18）。

图 7-17　喷绘法

图 7-18　沾染法

四、宣纸画法

宣纸画法主要选用生、熟宣纸或高丽纸等材料，这类纸张柔韧性好、吸色力强，画出的色彩层次丰富、含蓄古朴、衔接自如，可以制作出各种虚幻、朦胧的肌理效果，尤其适合绘制大幅的装饰图案。使用这种画法应注意颜料的干湿、薄厚，可以一遍遍反复描绘，也可以在纸的正反两面同时绘制，但不宜画得太厚，否则颜色容易干裂。作品完成后应进行托裱，以便保存（图 7-19）。

图 7-19　宣纸画法

五、剪纸拼贴法

剪纸拼贴法是指采用不同颜色、材质的纸张，如有色卡纸、电光纸、包装纸及印刷画报纸等，直接剪出图案的纹样形态，然后再粘贴组合到画面上构成图案的手法。这种方法主要依靠纸张原有的颜色、纹理加以巧妙运用，表现不同的图案内容。用剪刀取代画笔来刻画纹样的造型，别有韵味，具有独特的装饰效果。用剪贴法表现的图案纹样不宜太细、太碎，造型要尽量单纯、概括，同一幅画面所选用的纸张种类不宜太多。

在所有的材料表现技法中，纸贴画最为流行、简便。纸贴画的材料是纸张，因而它比其他贴画更易收集、制作和掌握，费用也较低廉。可供选用的纸材品种繁多，创作出的作品也是多姿多彩、美不胜收（图 7-20）。

六、立粉法

立粉法是首先在底版上置放凸起的分隔线，然后在画面上涂色的方法，其特点是具有浮雕感（图 7-21）。按这种方法制作的图案效果各异。细线显得优雅、精致，粗线显得古朴、厚重。使用的材料与工具主要有硬纸板或三合板、由乳胶与立得粉混制的浆料、挤浆工具、水粉颜料等。

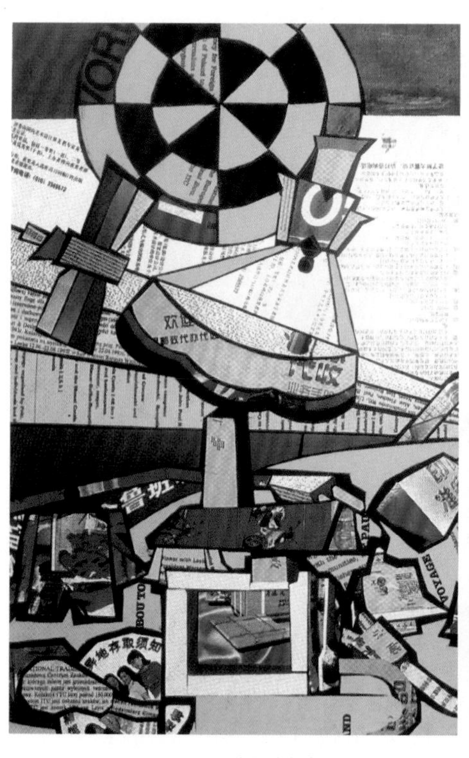

图 7-20　剪纸拼贴法

图 7-21　立粉法

七、电脑处理法

电脑在现代设计领域中已被广泛运用，具有高效、规范、技巧丰富、变化快捷、着色均匀、效果整洁等诸多优势。电脑制作出的许多效果是手绘无法达到的，学会使用电脑技术来处理制作图案是现代社会发展的需要，因此，设计者有必要熟练掌握一些图形编辑、设计软件，发挥它们的诸多功能来制作图案，扩展图案表现的技术领域（图 7-22）。

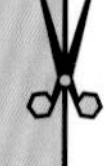

图 7-22 电脑处理法

图案的表现技法是人们在长期实践中不断探索、不断发现的，绝不仅限于以上几种，比如还有刮色法、蜡染法等许多手法均可用于表现图案。同样，也可以在自己的实践训练中去发掘、尝试更多的表现手段。但无论技法如何变换，设计者都应掌握最基础、最常用的图案绘制手段，培养较扎实的基本功，这样才能使图案的表现依托于较深厚的艺术功底。

实践案例 9：水彩的特殊表现技法绘制

案例任务：使用水彩的特殊表现技法进行图案的设计与绘制

任务要求：1. 采用不少于 5 种技法，分别绘制在 10 cm×15 cm 画纸上

2. 将绘制的画纸品贴到黑色卡纸上，标注好使用的技法

工具、材料准备：水彩、水彩笔、画纸、酒精、棉签、保鲜膜、洗洁精或肥皂液、纱布、盐、胶带、海绵

水彩特殊表现技法：

（1）酒精棉签法。使用棉签蘸取酒精，在刚涂上水彩的画纸上点、涂或画线，可产生肌理效果。

（2）保鲜膜法。在刚涂上水彩的画纸上蒙上一层保鲜膜，用手指在保鲜膜上按压，可得特殊肌理效果。

（3）吹泡泡法。使用洗洁精或肥皂液等将其起泡或吹出泡泡，使泡泡落到涂上水彩的画纸上可产生泡泡肌理效果。

（4）撒盐法。在刚涂上水彩的画纸上随机撒盐，可产生撒盐肌理效果。

（5）纱布法。在画纸上放置纱布，用画笔蘸取水彩在纱布上进行涂绘。

（6）胶带法。在画纸上贴上胶带进行随机分割，每块图上不同的颜色。

（7）海绵法。在刚涂上水彩的画纸上用海绵进行按压，可产生肌理效果。

实践案例：水彩的特殊表现技法绘制

思考与训练

1. 服装图案有哪些表现技法？
2. 综合运用各种技法进行服饰图案表现练习。

绽开在白布上的靛蓝：枫香染

第八章
服饰图案的工艺表现

知识目标

1. 了解服装面料与服饰图案设计的关系；
2. 了解服饰图案不同表现工艺的特点。

能力目标

能够运用手工艺技法设计制作服饰图案。

素质目标

学习图案工艺实现的方法，培养严谨认真、精益求精的职业素养和工匠精神。

第一节　根据面料材质进行服饰图案设计

人们生活中的各类面料是进行艺术创造的灵感之源。对图案设计来说，各种材质的面料，其原本的形态特征就是最好的摹本。生活中手感柔软的、硬挺的、光滑的、粗糙的、表面有视觉肌理效果的各种面料等都是图案创作取之不尽、用之不竭的源泉。因此，利用不同面料材质进行图案创造，是由来已久的一种设计惯例，设计师只要能够认真揣摩、选择、感受，就可以拓宽设计的视野，加强造型美学的直观感觉并为艺术创作储存丰富的图案信息资源。对于服装面料材质的运用，主要表现在以下几个方面。

一、原料特性与图案设计

面料是图案的载体，了解何种面料适用何种工艺很重要。真丝面料比较薄，韧性不好，比较容易抽丝、断裂，所以在图案工艺设计上适合喷绘、印染、刺绣或者镂空等方法，制作图案时不宜附着过多材料，否则会影响面料的悬垂和平整，甚至容易撕裂。相反，羊毛、棉麻等厚重、结实的面料，由于过于粗糙，颜料附着不均匀，印花或者喷绘效果就不好，适合镂空、拼接、缀、缝、订等手工艺图案设计。当今设计师也在图案设计上突破传统思路，试图给大家带来更加耳目一新的工艺设计，比如在皮革上镂空、刺绣、补缝；在真丝面料上进行大面积镂空、刺绣。这些新科技新技术带来的技术创新为图案工艺设计提供了可能。因此作为图案设计者，必须了解每种材料的成分、组成方法和工艺性能，这样才可能把合适的图案附着在面料上。与此同时，也要对自己设计的图案将要以什么样的形式附着在面料上有清楚的思路。同样一个图案，以印染、刺绣、拼贴、镂空、手工钉珠、扎染、蜡染等方式出现在同一种面料上，效果和消费者心理观感都相差很大，所以选择什么样的工艺把自己的图案表现在服装面料上，是图案设计最终的目的。

那么如何把设计的图案从图纸上完美地呈现在服饰产品上呢？首先必须对于每种图案制作工艺有充分的了解，其次必须有足够的鉴赏力和把控能力把自己的图形用一种或几种材质、方法恰如其分地“转移”到服饰成品上来。

当采用不同原料进行图案设计时，由于织物自身的风格特点，会影响到图案给人的印象，因此图案设计应该与原料特性相适应。

棉织物以其优良的服用性能而成为最普及的大众化面料，深受消费者的欢迎，具有保暖性好、吸湿性强、耐磨耐洗、柔软舒适的特性。棉织物具有大方素雅的风格特征，所以比较适合采用朴素、简洁的图案，如小印花、条纹、格子等，给人以清新秀丽的美感（图 8-1）。

毛织物又称呢绒面料，一般特指羊毛产品。此外，还有以羊绒、兔毛、驼绒等为原料制成的织物，以羊毛与其他动物毛以及化学纤维混纺的产品。毛织物是适用于四季服装的高档服装面料，具有挺括、抗皱、保暖性好、高雅舒适、色泽纯正、耐磨耐穿等优点。在进行毛织物面料图案设计时应该选用古典、含蓄的图案，给人以庄重大方的感觉（图 8-2）。

丝绸产品手感柔软、滑爽，轻薄飘逸，外观华美，吸湿性良好，色泽鲜明、柔美，一向以具有极高的艺术性和审美价值以及良好的服用性能著称。在图案设计中，多以花卉、鸟禽等写实图案为主，配以鲜艳的色彩，会有一种华丽的美感（图 8-3）。

麻织物服用性能优良，质地优美，稍带光泽，手感滑爽、挺括，易洗耐磨。麻类产品风格含蓄，色彩一般比较淡雅，多用于夏装、职业装及外套设计，能恰当地表现现代人追求随意自然的时代审美观。其图案设计比较简单，常选用花卉、几何纹样等作为素材，有一种自然淳朴的美感（图 8-4）。

图 8-1　棉织物

图 8-2　毛织物

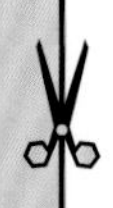

图 8-3　丝织物

图 8-4　麻织物

二、肌理效果与图案设计

面料的表面肌理可分为硬挺、光滑、粗糙等不同类型。这些类型由于织造方式和处理方法的不同，面料的表面肌理效果也各具特色。不同的肌理效果可以反映出不同的图案效果。

硬挺的面料肌理给人以冰冷的感觉，肌理往往以粗重的线条构成，图案在视觉上往往给人以强烈的冲击。硬挺的肌理面料接收和反射光的能力强，能够增强面料色彩的明度和纯度。所以，硬挺面料适合表现大胆抽象、个性鲜明的图案（图 8-5）。

光滑的面料肌理给人以华丽的感觉，这种面料主要以平面的纹样和强烈的色彩见长。光滑的面料肌理由于对光的接收和反射力很强，使得色彩的明度和纯度增加，光泽感强，给人以强烈的视觉冲击。应该考虑用较经典且具有代表性的图案造型，以达到面料和图案的完美结合（图 8-6）。

粗糙的面料肌理给人以温暖、稳重、厚实的感觉，肌理立体感强，图案纹样量感偏重，表面凹凸明显。这种面料适合体积感强烈的厚重、大廓型的冬季服装款式，能使服装的整体效果显得粗犷、豪爽。应该考虑色彩相对暗淡、稳重的图案，给人以朴素、浑厚的感觉（图 8-7）。

平滑面料，或称平整型面料，表面很少有变化，在设计和缝制中要适当考虑加入压褶、抽皱、分割等工艺技法，使之变化丰富。对于厚重的面料，较多使用分割线或装饰线的变化来改变造型。正是由于这类面料的表面比较平整，特别适合简洁大方、花纹细致的图案设计（图 8-8）。

立体感面料是指织物表面具有明显肌理效果的面料。面料表面有很强的凹凸状织纹，整体具有浮雕效果。此种面料由于本身具有一定的体积感，而且还要突出面料本身的特点，所以服装图案多采用简洁的设计，尽量突出面料的立体感，淡化图案的平面效果（图 8-9）。

图 8-5　硬挺面料

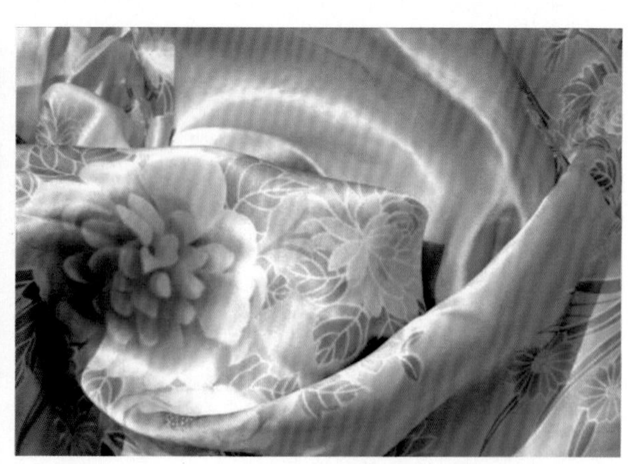

图 8-6　光滑面料

图 8-7　粗糙面料

图 8-8　平滑面料

图 8-9　立体感面料

三、面料光泽与图案设计

光泽效应是面料的主要风格特点之一，一般取决于织物的材料、组织、密度、整理等因素。有光泽且表面粗糙的面料，表面肌理凹凸有致、色彩斑斓、鲜艳醒目。常用的面料如天鹅绒，手感柔和，表面有细细的绒毛，色彩光泽感强烈并具有丝绸般的下垂感，一般用于礼服面料。在图案设计上应选用具有华丽、高贵风格的图案（图 8-10）。

有光泽且表面细致的面料有一种耀眼华丽、活泼明快的扩张感，在服装总体造型上应以适体、简洁为宜。图案设计上应该遵循鲜艳明快的原则，达到面料和图案的完美结合。以涤纶或其他化纤为原料，采用表面涂层或轧花而产生的闪光织物，可为青年人设计出大胆创新的款型，能够满足年轻人求新求异的心理（图 8-11）。

无光泽且表面粗糙的面料肌理立体感强烈，具有明显的凹凸效果。由于材质表面粗糙，色彩感相对较弱，具有朴素、浑厚的视觉效果，如粗花呢、大衣呢、灯芯绒、拉绒布等，有一定的体积感和毛茸感，一般具有形体扩张感。麻织物或涤纶仿麻织物，也属于这一类。这类面料在进行图案设计时应考虑用比较大气、风格粗犷的图案（图 8-12、图 8-13）。

无光泽且表面细致的面料对人的视觉无刺激，一般给人以柔和舒适的感觉，可以单独大面积地使用，如府绸、牛津纺、华达呢、咔叽等。在服装图案设计上，应选用线条较舒缓、造型较柔和的图案进行设计，以达到面料材质和图案造型的完美结合（图 8-14、图 8-15）。

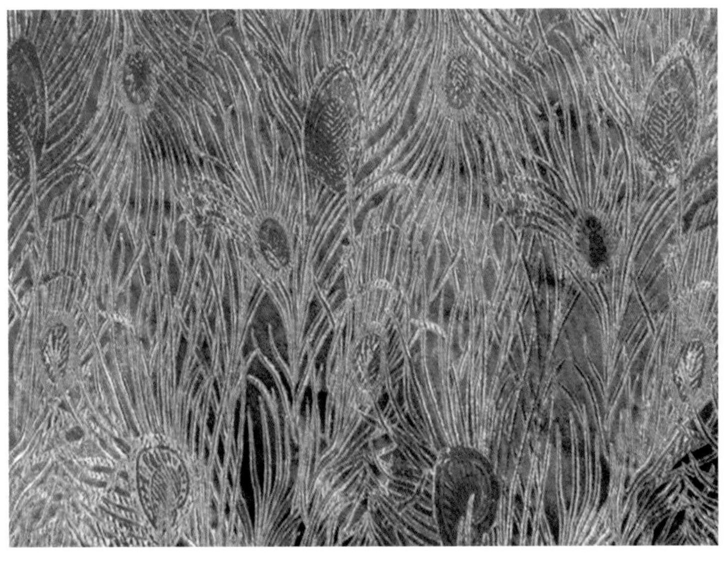

图 8-10　粗糙有光泽的面料

图 8-11　细致有光泽的面料

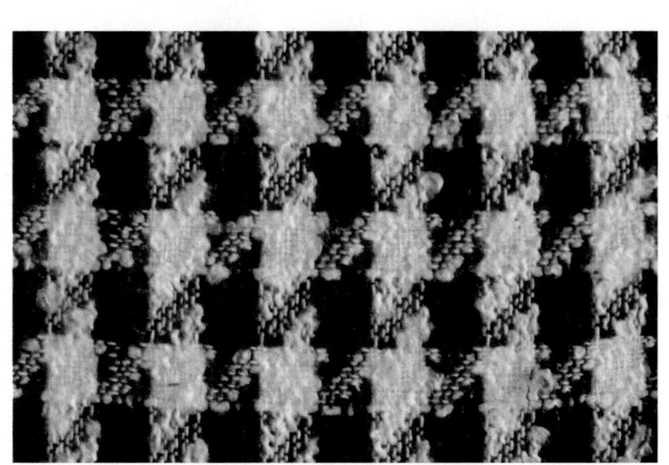

图 8-12　粗糙无光泽的面料

图 8-13　粗花呢大衣

图 8-14　细致无光泽的面料

图 8-15　府绸衬衫

第二节　服饰图案表现工艺

一、提花工艺

提花工艺是指将织物的纱线按图案的要求染成不同的色彩，然后将织物的经纱按照图案色彩进行预先排列并根据织纹组织安排在不同的综片中，在织造时控制综片运动并相序喂入不同色彩的纬纱，使之构成所需花纹图案的织造工艺。

提花织物的图案是由经纬纱线上下交织运动的不同规律和经纬纱线在织物中的不同浮长形成的。纱线染色后，用彩色纱线织成的纹样图案与在面料上施印色彩花纹的印花图案相比，色彩的渗透深入，色感浓艳，加上不同色彩的经纬纱交织，又可形成与基本色不同的新的色彩层次，给人以深邃、丰富、立体的感觉。另外，因为提花织物大多数是由织物的组织变化形成花纹，如经面花纹、纬面花纹、经纬起花花纹、透孔花纹、蜂巢花纹、绞经花纹、复杂花纹等，不同的组织有不同的凹凸层面和组织风格，从而形成织物表面不同的肌理感和立体层次感（图 8-16）。

图 8-16　提花工艺

二、印花工艺

印花工艺是指运用滚筒、圆网和丝网版等设备，将色浆或涂料直接印在面料或服装裁片上的一种图案制作方式。其表现力很强，是现代服装图案设计中最为常见的表现手段之一。

目前，常用的印花方式有直接印花、雕印印花、防印印花、渗透印花、涂料印花、转移印花、拔染印花、蜡染和扎染等手工艺印花、烂花、数码印花等。

从工具的使用上来看，两种方式较为普遍：一种为滚筒印花和圆网印花；另一种为丝网印花。由于加工设备的不同，其工艺也各有其特点和特色。

滚筒印花是使色浆借助刻有花纹的滚筒印在纺织品上的一种印花工艺方法。圆网印花是采用无接缝的圆筒镍网，按丝网制版的原理与顺序，在圆网上封闭其图案花纹以外的网孔，制成圆网板，让色浆透过网孔沾印到织物上的一种印花方法。滚筒和圆网彩印适合表现色彩丰富、纹样细致、层次多变、循环而有规律性的连续图案，适合整体排版和大规模生产（图 8-17）。

丝网印花也叫平网印花或筛网印花，是在丝网上按照印花图案封闭其非花纹部分的网孔，使印花色浆透过网孔沾印到织物上。丝网印花适合表现纹样规整、色彩套数较少、用于局部装饰的单独图案。一般多见于针织服装如 T 恤衫、文化衫的局部印花（图 8-18）。

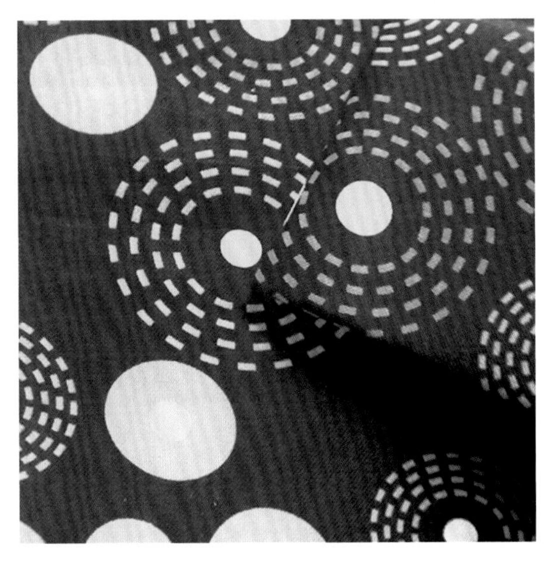

图 8-17　滚筒印花

图 8-18　丝网印花

三、色织工艺

色织工艺是指选用色纺纱、染色纱、花式线和漂白纱，配合组织结构的变化，织造具有彩色条纹、方格或提花图案的一种机织物生产工艺。

色织物是用染色纱线织造的织物，可利用织物组织的变化和色彩的配合获得众多的花色品种。由于生产设备的限制，色织物在造型和图案设计上远不如印花织物灵活、生动、多变和广泛。但是通过色彩、织物组织、纱线结构的变化，可使织物具有独特的美感。通过织物组织和色彩的相互衬托，可使织物的花纹、图案富有立体感。在色织工艺中，当一种色纱连续排列的根数大于组织循环纱线数时，织物表面以色纱效应为主，显示色条、色格、色彩小提花的图案；当一种色纱连续排列根数不大于组织循环纱线数时，色纱与组织同时起作用，织物表面呈现由色经、色纬组织点联合构成的花纹图案（图 8-19）。

图 8-19　色织布

四、蜡染

蜡染是我国古老的传统印染方法之一，古代称蜡缬。最早盛行于隋唐时期，后因制造技术逐渐发达，蜡染工艺逐步流行于民间，成为具有代表性的民间工艺品种（图 8-20）。

图 8-20　蜡染

1．蜡染的工艺特点

蜡染的设计制作大体上包括意匠、织物的染前处理、转绘画稿、绘蜡、染色、去蜡、后整理几个部分。制作时首先要将蜡加热，以特制的铜片蜡刀蘸取蜡液，将蜡绘在白布上，起到防染作用，再在染料中浸染，然后把蜡除去，形成白底蓝花或蓝底白花（图 8-21）。蜡染图案清新、素雅。由于浸染时间较长，蜡布会因冷缩折叠而产生天然的裂纹，称为“冰裂纹”。这种冰裂纹会使蜡染图案层次更加丰富、自然别致而具有独特的装饰效果。也有相当一部分地区的蜡染，采用以块面为主的较为简单的图案，冰裂纹因在这一类图案中起到了丰富、完善画面的作用而受到追捧，被誉为蜡染之“灵魂”。因此，人们甚至专门研究如何得到不同风貌的冰裂纹。常用的方法有冷冻裂蜡、松香裂蜡、石蜡裂纹、折蜡裂纹、随意龟裂、敲击法等。

图 8-21　蜡染制作工艺

2．蜡染的纹样特点

民间蜡染的图案大多由自然纹样和几何纹样组成。自然纹样中的花、鸟、鱼、虫经过夸张变形，极具装饰性。有的自然纹样经过提炼变成几何纹样，如苗族蜡染中的螺旋纹（苗族称之为“窝妥”）。几何纹样是运用得最多的纹样形式，即使采用了动植物纹样，也还需要很多的几何骨架来分隔或构图。运用最多的几何纹样是凹凸纹。此外，还有螺旋纹、圆点纹、锯齿纹和菱形纹等。

五、扎染

在我国民间，流传着许许多多的传统印染工艺，扎染便是其中的一种。它是我国自隋唐开始就广为流传的一种印染方法，古代称绞缬，至今已有上千年历史。它既是一种简单易学的手工工艺，又是一种具有很高实用价值和欣赏价值的印染艺术（图 8-22）。

图 8-22　扎染工艺

扎染是以防染为基本原理，用针、线对织物进行扎、缝，然后放入调好的颜料中进行浸染或点染。凡是用线扎过的地方，染料久染不上，而没有扎的地方则染上了所要的颜色。扎染可形成非常自然、晕色丰富的花纹和肌理。织物被扎得愈紧、愈牢，防染效果愈好。它既可以染成带有规则纹样的普通扎染织物，又可以染出表现具象图案的复杂构图及多种绚丽色彩的精美工艺品，稚拙古朴，新颖别致。受制作工艺的限制，复杂具象的图案不容易以扎染的形式表现，但扎染丰富的肌理和自然的晕色却是任何印染工艺都难以达到的。

扎染制作的方法需要经过染前织物处理、捆扎染色、染后处理三个步骤，分别介绍如下。

1．染前织物处理

从商店买回来的织物，一般带有浆料、助剂及一定成分的天然杂质，为了取得理想的扎染效果，就需要在染前对织物进行煮炼、漂白等工艺加工，去除织物上的浆料及纤维中存在的杂质。处理后的织物白度提高，更易上色，色彩也更明亮。处理好的织物还需要用熨斗烫平，以备描绘图案和捆扎。

2．捆扎染色

扎染之意是先将织物捆扎后染色。各种各样的捆扎方法及其松紧变化都直接影响染色结果。如果说扎的过程是构思布局、预想效果，那么染的过程即是赋予其神韵与实现其效果。因此，“扎”和“染”是两个紧密相连的环节，缺一不可。一般而言，扎染的效果在于自然的晕色，纹样的边缘不刻意要求清晰准确，故而设计稿只需用线描出纹样的大轮廓和组织形式，然后把设计好的图样用画粉在织物上做记号，再依图进行捆扎或缝扎。

（1）扎的方法

扎染的图案一般以点、线、面等抽象图形作为基本语言，这是由扎染的工艺特点决定的。扎染艺术无论应用在服饰上还是室内装饰上，常见纹样的基本形式都为连续纹样、单独纹样、适合纹样以及各种纹样的综合运用。尽管图案千姿百态，但从工艺来看，扎染的方法不外乎有三种：一是捆扎法，二是缝扎法，三是夹扎法。

（2）染的方法

扎的方法要多样，最后需经染色后方能显现其丰富的色晕效果。不同的织物需选择不同的染料以及相应的工艺操作。在此，介绍几种较常使用的染色方法。为使染色均匀，在织物放入染液前要先用清水浸洗。

①浸染法。将捆扎好的织物放入配置好的染液中浸泡一段时间，染完后用清水冲洗，然后解结、烫平。常用的有纳夫妥染料和活性染料。

②煮染法。将捆扎好的织物放入染锅内沸煮达到高温染色的效果。常用的有直接染料和酸性染料。

③多套色染。多套色染可分为多色点染法、先浅后深染色法、先深后浅染色法等几种。

3．染后处理

冲洗过的扎染物可在不完全干透时解开扎结处，趁潮湿用熨斗及时烫熨平整（图 8-23）。

图 8-23　扎染成品

六、蓝印花布

蓝印花布，俗称“药斑布”，也叫靛蓝花布。蓝印花布有蓝底白花和白底蓝花两种形式。

蓝印花布有着悠久的历史，是起源于秦汉而兴盛于唐宋的传统印染花布的代表品种。蓝印花布在我国许多地区都有生产的历史，如江苏的南通、苏州，福建的安溪，以及湘西苗族所在地区，其中，以南通蓝印花布最具盛名（图 8-24）。

图 8-24　南通蓝印花布

1．蓝印花布的工艺特点

蓝印花布通过手工刻制

花版、手工刮浆、手工染色以及手工刮白、固色、晾干等多道工艺制成。

①花版和防染浆料的制作。花版一般采用油纸花版，用高丽纸裱糊成纸板，再将花样描绘或刷印在纸板上。用刻刀根据花样镂空成漏版，然后用卵石打磨平整并打上蜡，再上生桐油。烘干后再上熟桐油，晒干即可使用。

防染浆料的调配，指染色前利用石膏和石灰、豆粉加水调成糊状，石灰、豆粉越细越好，否则影响防染性能。

②刮浆。将准备印花的白布平铺于印花台上，平铺上花版，对连续纹样要做好记号，以便接版对花。用牛骨或木板做成的“抹子”将防染浆料刮到花版上的花纹空隙内，使之漏于面料上，要求刮浆平整均匀。

③染色。将刮有灰浆的面料晒干，然后放入加有猪血浆的温水中浸泡，使灰浆更牢地固着在面料上，然后放入染缸中浸染。

④晾干去浆。从染缸中取出面料后去掉灰浆，蓝底白色纹的蓝印花布即制作完成。

2．蓝印花布的纹样题材

蓝印花布的题材丰富，植物题材有牡丹、梅花、石榴、桃子、佛手等；动物题材有龙、凤、虎、鸳鸯、蟾蜍、麒麟等；几何纹样有猫蹄花、鱼眼纹、方胜纹、回纹等；吉祥纹样有福、寿、喜等文字以及花瓶、果篮、古钱、扇子、长命锁等器物纹。这些题材来自民间，采用谐音、寓意、象征等表现手法，表达了人们对美好生活的向往和追求。

3．蓝印花布的风格特点

由于工艺的限制，地区、风俗习惯的差异，蓝印花布的风格也不尽相同，因此流传在民间的蓝印花布各有其特色。

①蓝印花布有青铜饰纹的高古，汉砖瓦的粗犷，宋瓷的典雅，苏绣的细腻，剪纸的简洁，织锦的华贵。深沉的蓝与纯净的白，在普通的棉布上组成了多姿多彩、寓意丰富的纹样。

②南通蓝印花布图案简洁朴素，多为寓意吉祥如意的传统折枝花纹、花鸟动物以及古代人物等，十分优美雅致，在民间流传甚广。蓝印花布既可用于服饰、家居用品，又可供观赏。

③蓝印花布因受工艺和材料的限制，而形成了独具特色的风格，如鲜明的蓝白对比，色调清新明朗，节奏明快，淳朴素雅，具有独特的民族风格和浓厚的乡土气息。

④由于花版的原因，蓝印花布是用不同大小的圆点和线条来刻画形象的，这些有规律变化的点、线，给简练概括的剪影式图案外形赋予了丰富的表现内涵。正是这些剪影式造型与圆短线的巧妙结合，构成了蓝印花布独特的装饰效果和节奏感。

4．蓝印花布的用途

蓝印花布有通用花布和专用花布两大类型。通用花布又叫匹布，多采用四方连续的形式，一般采用大型花和中小型花的图案造型和组织，适用于制作服装、被面、门帘。专用花布是按照特定用途进行图案设计的，如围裙、肚兜、枕头、褥面、门帘等。

七、刺绣

刺绣是一种非常传统的图案表现手段，即在已经加工好的材料上，以针引线，按照设计要求进行穿刺，由一根或一根以上的线自连、互连、交织而形成图案的手段或方法。据记载，从新石器时代遗留的织物痕迹中就已经发现了简单的刺绣。中国古代服装具有平面、整体的特点，给刺绣装饰提供了极大的表现空间。明清以来，我国刺绣得到了进一步发展，形成了南北绣系，如闻名中外的苏、湘、蜀、粤四大名绣。刺绣的针法繁多，装饰性强，是装饰手工艺的主要内容（图 8-25 至图 8-28）。

图 8-25　刺绣（一）

图 8-26　刺绣（二）

图 8-27　刺绣（三）

图 8-28　刺绣（四）

刺绣的针法技巧在不同的民族中有不同表现，有的简单，只有平绣和挑花，有的却很复杂。苗族刺绣针法细腻精致，是少数民族传统针法最全面的。刺绣按照针法主要分为平绣、绉绣、辫绣、堆绣、锡绣、数纱绣、锁绣、补绣、板绣、打籽绣、绘绣、卷绣、盘绣、叠绣、锁丝绣、破丝绣、镂绣等。

①平绣，亦称“细绣”，在苗绣中运用广泛，即指在布胚上描绘或贴好纸膜后，以平针走线构图的一种方法。其特点是单针单线，针脚排列均匀，纹路平整光滑。苗族平绣往往与剪纸结合在一起。在湘西、黔东南地区，苗族妇女通常先将剪好的纸贴在作为绣底的布料上，然后来回走针将花样覆盖，即获得踩丝绣出的图纹。绣面细致入微，纤毫毕现，富有质感。

②绉绣。先将丝线八九根甚至十余根编成小辫，然后按图案的轮廓从外向里将丝辫有规则、均匀地打成小褶钉在图案上，使纹样呈较高的浮雕状，立体感强，形成粗犷、朴实而厚重的肌理效果，经久耐用，有一种特殊的质地美。

③辫绣。将绣线编成小辫，再按剪纸花样轮廓由外向里将辫带平盘，钉满纹样，辫带走向凸显，不打褶皱，如行云流水般，有浅浮雕感。

④堆绣。堆绣是在补贴绣花基础上发展起来的刺绣工艺。先用浆过皂角水的彩色绸缎剪成同等大小的三角形，再把下两个角向内折，使之成为带尾的小三角形，然后根据花样把小三角形彩缎一层压一层地堆钉成各种花鸟图案。层层堆积，色彩搭配自由、组合随意，色彩斑斓、绚丽并有浮雕感。

⑤锡绣。锡绣是苗族独有的刺绣手法，用特制的较厚的锡箔制成条状，将边卷合用线钉在黑色的布料上，形成黑底银花的效果。其纹样为几何形，如“万”字纹或“寿”字纹。

⑥板绣。板绣是黔东南边远山区一种原始的刺绣方法。即将快要吐丝的蚕置于木板上，让其吐丝形成板状后再压平整并染上各种色彩，在丝板上绣花、鸟、鱼、虫或几何纹样。这种针法已经失传。

⑦数纱绣。又称纳绣、纳锦绣，属于我国传统针法。苗族姑娘在自织的厚实土布上用丝线绣制，纹样细腻，排线整齐，单色数纱绣靠排线方向不同、反光角度变化产生色光变化。数纱绣可用于衣袖花、背扇等。

⑧锁绣。锁绣是我国最古老的刺绣针法，苗族以锁绣针法绣成不少精品，尤其以双针锁绣制成的绣品工艺，针针入扣、精致严谨、工艺精巧。

⑨补绣。补绣在苗族中用得很多，有的细腻精致，有的对比强烈，充分体现了补绣的特点。制作考究的补绣，精细如平绣一般。

八、手绘

手绘是指用画笔和染料（如丙烯），按照装饰目的，经过设计构思，直接在面料或服装上进行图案创作的一种手法。手绘不仅是传统的服饰色彩工艺，还是时尚青年喜爱的个性化服饰图案表现手段（图 8-29）。

图 8-29 手绘

手绘在中国有着非常悠久的历史。在古代，

“绘”称为“缋”。“绘”最早是由原始部落生活中的文面文身发展而来的，至新石器时代晚期，人们在学会手工纺织和缝制衣服的同时，发现衣服虽然保暖护体但却遮盖了文身花纹，于是逐渐把衣服作为纹饰的对象。那时纺织技术尚处于初级发展阶段，还不能织出美丽的花纹，然而当时已经十分发达的陶器彩绘技术为纺织品的绘制提供了便利的条件，于是就出现了服饰艺术史上的“画缋之工”。

1．设计构思

设计构思可以理解为设计方法，而设计方法的核心就是创造性思维，它贯穿于整个设计活动。手绘表现在设计创作过程中，没有固定的模式，灵活多变，方法多种多样。

优秀的设计者是善于应用手绘来构思设计的。他们把大量的精力投入设计构思创意阶段的比较、推敲上，不断地探索新的艺术形式，丰富艺术传达中的表现手法，提升设计作品的表现力，并根据不同的服装风格选用不同的图案造型以及选择相应的手绘技法，来充分地表达设计意图。这往往能给设计师带来新的创作灵感，因此，对每一位设计者来说，徒手绘图的过程就是创造思维的创意过程。

手绘的优点是不受条件限制，交流方便，易于发挥设计者的灵感和艺术创造力。能够简单、快捷地表达设计者的构思，是一种有效的图案造型方法。在图案设计者捕捉创作灵感时，手绘则是最有效的图案造型手段。

2．手绘工具的准备

（1）手绘颜料

①丙烯。也叫亚克力颜料。它的特点是：具有水溶性和防水性，可以重复涂色；有很强的附着力，能够附着在玻璃、布、木头等任何材质上，风吹雨淋也不褪色和剥落。

②纺织品专用颜料。它的特点是：属于水性颜料，可用水调和；无毒、无副作用；可随意画在任何纤维质的纺织品上；颜色不会扩散、不会龟裂；衣服清洗也不掉色，颜色鲜艳夺目。

③油性水彩笔。可以直接涂画，有街头漫画的效果。

（2）笔

用铅笔或炭条可以在衣服上打草稿，有时铅笔的痕迹并不明显，用炭条比较容易画上。另外，可以用油画笔、水粉笔、毛笔等进行手绘图案的绘制。油画笔较硬，可以画出厚重的效果；水粉笔较软，可以画出比较朦胧的效果；毛笔用来勾线和上色，可以用细笔锋的笔勾线，粗笔锋的笔上色。另外，可以把几种笔结合起来使用，形成特殊的效果，使画面丰富多彩。

（3）固色剂

在绘画的颜料中添加少许固色剂，可防止颜色脱落。

（4）吹风机

手绘结束后，要使用吹风机吹干颜料，才能保持颜色长久。如果让颜料自然阴干，则容易褪色。

3．绘制要点

手绘作品的画面效果要简洁、概括、统一、说明性强，常通过材料的质感、色彩和光感等体现出来。可根据织物的纤维属性，选择相应的染绘材料和绘画工具，在织物上直接染绘。直接染绘的纹样色彩绚丽而抽象，可以产生各种肌理效果。涂料直接手绘则运用于较细腻的图案及纹样绘制，染色剂里要调配黏稠的浆料以增加颜色的附着性。织物经高温蒸发固色后，使绘制的色彩更加艳丽并保持柔软的织物手感，具有高贵、自然、典雅的艺术特色。

手绘是现代服饰图案创作的重要方法之一。由于不受印刷工艺的限制，手绘具有极大的灵活性、随意性，可以鲜明地反映创作者个人的意趣和风格，能够根据服饰图案设计的需要自由变化，具有较强的艺术感染力，可以达到许多机器印染难以达到的效果。运用不同的绘画风格进行创作的手绘服饰图案，表现出极强的艺术风格，国画风格高雅脱俗，版画风格具有很强的现代感，重彩画风格则有很强的民族性。

4．手绘的特殊方法

手绘的特殊方法主要有以下两种。

（1）防染绘技法

防染绘技法是指先用防染剂在织物上染绘，再敷彩或两者穿插进行。由于防染剂不同，可分为隔离胶防染绘、浆防染绘、蜡防染绘等。隔离胶防染绘，适合表现线形纹样，可以用来绘制较细致的纹样，如中国工笔画的线描图案形象。浆料防染绘，指用淀粉浆或水溶性胶水等为防染物，再敷上染液，或将染料、浆料混合成色浆后作为防染剂的防染技法。这种技法适合表现粗犷和抽象的图案形象。蜡防染绘，是用蜡作为防染剂的织物手绘技法。民间传统的蜡染工艺即采用此法。

（2）型染绘技法

型染绘技法是指借助雕花模具、漏版印花板或绞缬等手法防染，用其他方法完成染色或手绘的技法，如十分常见的扎染工艺。

九、棒针编织

棒针编织是民间手工编织技艺的方法之一，是指使用线、绳以及条形纤维材料和编织工具通过编织、锁边等技巧来完成编织物品的一种手工技艺。棒针编织用于编织服装和服饰用品的历史悠久，具有丰富的文化内涵（图 8-30、图 8-31）。

图 8-30　棒针编织（一）

图 8-31　棒针编织（二）

从花型变化上讲，人们创造并总结出的针法花样有近百余种，可以在基础针法上进行针法的变化，产生上万种编织纹样和色彩的组合。在系列服饰衣物组合中，棒针编织的服饰品和编织服装图案具有凹凸起伏的肌理效果；套与套之间相互交错穿插，形成扭曲而立体感很强的纹样。随着人们审美情趣的变化，棒针编织工艺品日趋精美化、多样化、风格化，特别是与时装搭配的围巾、帽子、手套更是服饰整体中不可缺少的要素和点缀。棒针编织不仅可以设计出个性的线材、个性的配色和个性的图案，编织设计自己喜欢的独特样式，还能表现出不同的风格情趣。

进行棒针编织时，要设计好要编织物件的尺寸和结构分片，计算好每一片内的针距数。编织起针是用一根线一针一针的套线，有双边起头法、单边起头法，然后往返回复编织需要的针法，一排一排加织成片，最后缝合成型。缝合法有平针缝合法、全下针缝合法、双边收口法等方法。

编织棒针产品的关键在于针法的选择，棒针编织的主要针法有上针、下针、加针、减针、脱针、平针、上下针、罗纹针、滑针、浮针、卷针等针法，常用的几种针法介绍如下。

①上针。棒针基础针法之一，将右棒针向上插入左棒针的第一针针圈，将毛线绕上右棒针的尖端，然后从针圈中挑出，即完成上针编法。

②下针。棒针基础针法之一，将右棒针向下插入左棒针的第一针针圈，将毛线绕上右棒针的尖端，然后从针圈中挑出，即完成下针编法。

③加针。在需要加针的位置，从这一针的前一行的针圈挑一针起来，再接着编织，使连续编织尺寸或针数变宽或变多。

④减针。将两针或三针并为一针的方法，或是在一排的最后拔下这针翻压在并针上面。

⑤平针。平针编法编织后织物的表面平整。其方法是如果两根针编织，单数排用下针编织，双数排用上针编织，其效果平整。如果用环形或四根棒针编织，只需用下针即可。

⑥罗纹针。罗纹针编法编织后织物表面具有一凹一凸的效果。

十、钩针编织

钩针编织是民间手工编织技艺的方法之一，是指用绳、线、纤维材料和带钩的编织工具，如钩针，通过钩织技巧来完成的编织物品的一种手工技艺。钩针编织用于编织服装和服饰用品的历史悠久，其中蕴含了丰富的文化内涵和创意技巧（图 8-32）。

图 8-32　钩针编织

钩针编织的品种有三类。一是衣物品种——毛衫、外套、裙裤、背心、披风等。二是服饰品种——围巾、帽子、披肩、手套、袜子、线包、拖鞋、袜套等。三是纺织家居品种——床罩、桌垫、窗帘、手帕、手提袋的装饰等。

人们在长期的生活实践中，发现并总结出的针法花样有近百余种，因此，钩针编织的方法极其丰富，在基础针法上进行变化便能产生出上万种钩编纹样来。钩针编织的变化主要在于钩针针法的变化，钩编的技巧在于执针的灵活和绕线的松紧，主要是掌握钩环的技巧。针法与针距变化会使图案对服装整体造型产生不同的装饰效果。在系列服饰衣物组合中，钩针编织的主要针法分为基础针法和变化针法。

1．基础针法

基础针法主要有锁针法、短针法、长针法、中长针法、枣形针法与并针法、收针法等。

①锁针法。锁针法这是钩针编织最基础的针法。钩编动作就是重复基础针法锁针的动作至所需要的针数为止。

②短针法。短针法是向上竖钩的锁针法。其钩编方法为，将针插在线套中，在锁针辫子线套中进针然后钩出来，依次重复得到一排短针。

③中长针法。中长针法钩编方法与短针法基本一样，只是在向上竖钩的锁针多加上两个锁针辫子。

④枣形针法。枣形针法是钩编成枣形的针法。先向上钩需要高度锁针，后在同一个锁针辫子上套多个线套，并把线挑到与竖锁针同样的高度，然后从若干线套内钩出一针把所有的线套扎起来，形成圆鼓口状就完成了一个枣形针法。

2．变化针法

变化针法主要有通花钩法、实花钩法、贴钩针法等。

①通花钩法。这是一种花型镂空的钩针编织方法。通花钩法包括方眼编、鱼鳞编、贝壳编、菠萝编等花样。用此法编织能产生疏密、虚实的效果。

方眼编也称格子编，是用锁针和长针钩编搭接构成方格形的网孔。这是网眼镂空中最为普通或通用的一种钩编针法，是各种通花钩编织物的基本编织法。

鱼鳞编也称网状编，是用锁针与短针搭接构成鱼鳞形网孔的钩编针法。编织出的产品一般较薄，具有较强的伸缩性，适合各种从中间起针的盘垫、圆台布和服装等。

贝壳编是将长针合并的钩法与锁针搭接构成的钩编方法，由于其形状似贝壳，故称为贝壳编，适合于钩编服装和台布等。

菠萝编是采用鱼鳞编与贝壳编相结合的钩编针法，以锁针与长针为主搭接构成，适合于台布、盘垫及服装服饰品、头巾等。

②实花钩法。编织物紧密、不露底、不镂空。实花钩法适合于钩编衣、裙、帽子、盘垫、床单以及玩具等。实花钩法包括叠针、阿富汗针编织等。

③贴钩针法。运用两层钩针花重叠在一起或钩针花重叠在布料上的一种组合钩编方法。贴钩针法具有较强的立体效果，适用于服装、领边、裙边、裤边的装饰以及台布等室内装饰织物。

十一、珠片绣

珠片绣是利用珠、片进行面料装饰使面料再造的设计手法之一，属于钉镶设计的一种。钉镶设计是利用钉镶珠片、织带、彩线、纽扣等小的装饰品，直接在服装面料上造型，是彰显手工制作魅力的一种细节设计手法（图 8-33 至图 8-37）。

图 8-33　珠片绣（一）

图 8-34　珠片绣（二）

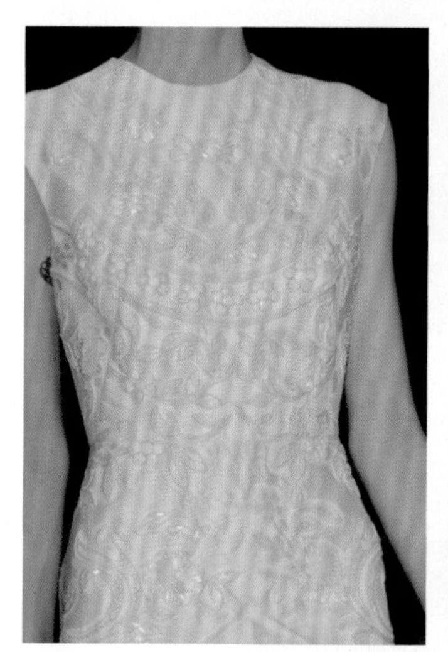

图 8-35　珠片绣（三）

图 8-36　珠片绣（四）

图 8-37　珠片绣（五）

用珠、片钉镶的设计手法多样，有不同的设计风格。

（1）珠、片的点状装饰

点是构成线、体的最基本单元。点在几何学中既无大小，又无形状，而在服装造型中，它是显著而集中的小面积，如服装上具有装饰作用的纽扣、蝴蝶结、装饰珠片及面积小而集中的图案和织物上的圆点纹样等。此外，还包括色彩上的明点、暗点、浊点及视觉上的运动点、静止点、游移点等。点可打破服装的呆板和沉闷，在服装上形成一种活泼的气氛，对服装有“画龙点睛”之效。

（2）珠、片的线状装饰

服装面料中的线饰可分为线、点结合装饰，以点组成的虚线装饰和面饰等。有规律的珠片组合，本身不但起装饰作用，而且对明确服装造型、表现节奏韵律、突出美的形体等都起着十分重要的作用。

（3）珠、片的面状装饰

在服装面料装饰设计上，面是指按人体结构和活动的需要以及为了装饰作用而设计出的面块，以组合成服装的形体。利用大小不一、风格各异的珠、片，根据不同的组合方式可以设计出各种风格的面料图案，在服装设计中，点、线、面的设计不是孤立的，而是统一的。只有将毛衫服装的点、线、面有机地协调起来，灵活运用才能设计出新颖、别致、受人们喜爱的服装。

另外，用珠、片钉镶面料的装饰部位不同，形成服装的整体效果也各有其特色。常常设计在衣领、前襟、袖口等醒目部位；有的仅用一种饰物如珍珠沿领口、袖口、袋口等部位做带状排列钉镶；有的是利用亮片等饰物在毛衣上按照一定的距离做均匀排列钉镶；有的是用几种配件组合成图案钉镶在前身、前胸、后肩等部位，图案以花卉、文字居多。珠、片钉镶处理设计可使一件看起来非常普通的服装焕然一新。这种个性化的设计风格能使服装变得优雅含蓄、活泼生动，主要应用在女性针织时装上。

实践案例 10：扎染 T 恤的设计与制作

案例任务：设计并制作一款扎染 T 恤

任务要求：1. 扎染手法不限、颜色不限

2. 扎染整体效果美观

工具、材料准备：白色纯棉 T 恤、针、线、染料、助剂、染缸或染锅、水、手套

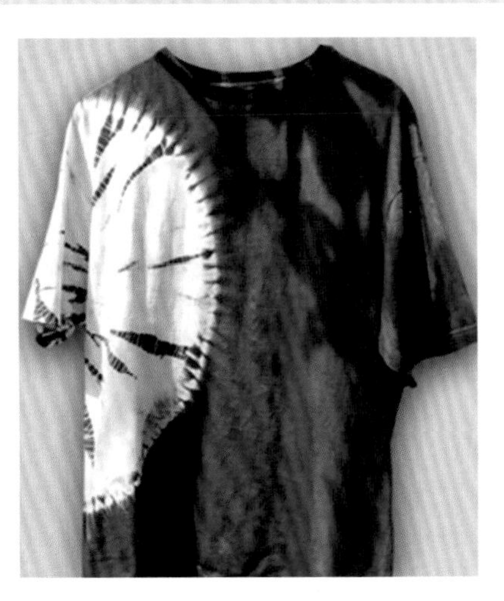

实操步骤：

（1）将准备好的纯棉 T 恤进行平铺，在 T 恤的一侧袖子及侧身先画一个半圆，用针线按照半圆进行平针手缝，抽紧并系紧。

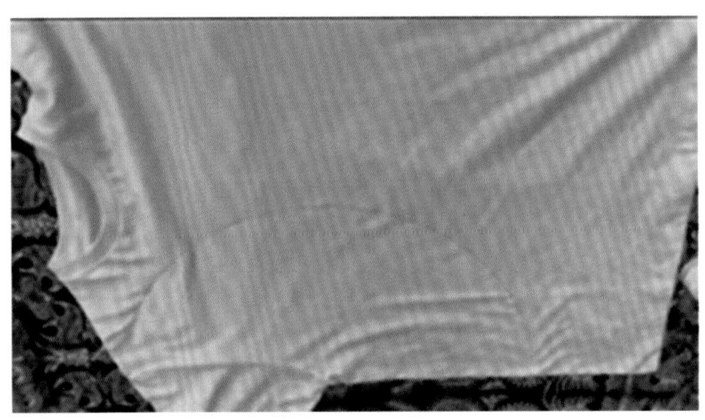

（2）将抽紧后的半圆部分进行折叠，然后用线进行捆扎。

（3）清水浸透 T 恤，沥水后，用染缸进行浸染；或用染锅进行煮染（具体根据实验室染料类型和染色设备来进行）。

（4）染好后，清洗、晾干、熨烫。本案例完成。

实践案例：扎染 T 恤的设计与制作

思考与训练

1. 搜集各类工艺表现的服饰图案，整理并归类。
2. 结合自己设计的图案，尝试用工艺表现技法完成一件小型服饰品的图案设计。

四大名绣

刺绣的传统与现代表现形式

第九章 服饰图案的应用

知识目标

1. 了解服饰图案的装饰部位及表现形式；
2. 掌握服饰图案在不同类型服装中的应用要点；
3. 了解不同类型服饰图案在服装中的应用特色。

能力目标

能够根据不同款式特点进行图案设计。

素质目标

培养学生理论联系实际、实事求是的科学精神。

第一节 服饰图案的装饰部位与装饰形式

视频：服饰图案的装饰部位与装饰形式

服装不同的形态、色彩和装饰部位，会引起人们不同的心理反应。长期形成的视觉规律一旦被打破，就必然引起视觉上的矛盾冲突。所以，一个高明的设计师必然善于运用图案的装饰部位，有意识地引导人们的视线，使各设计元素有秩序地展现，形成心理感觉上的主旋律，从有条不紊的设计中获得和谐的美感。

服装的装饰按部位大体可分为领部装饰、胸部装饰、肩部装饰、背部装饰、腰部装饰、满花装饰、衣边装饰和局部装饰等形式。这些部位在服装款式中的面积、形状均不相同，图案的组织形式也应与这些部位的面积、形状相适应。通常领部装饰要体现端庄、文静的风格。大面积的满花装饰要丰富、活泼。胸部装饰要醒目而具有个性。肩部、背部装饰要典雅别致。衣边、下摆部位的装饰要秀丽、清新。腰部装饰常有男性化的精神气质。服装的装饰部位和装饰形式不同，所产生的效果也有很大差别。

一、胸背部装饰

胸背部位处于人们视线的中心，往往成为服饰最为主要的装饰位置，可使用较大面积的装饰图案。胸背部位的图案设计会在很大程度上决定服饰的主要外观风格。胸部是仅次于头脸的视线关注部位，该部位的图案较为醒目，图案设计也要求醒目而精巧。通常情况下，胸背部宽阔、平坦，宜用自由式或适合式的大面积图案来加强人体主要视角的装饰效果（图 9–1、图 9–2）。

图 9–1　胸部装饰

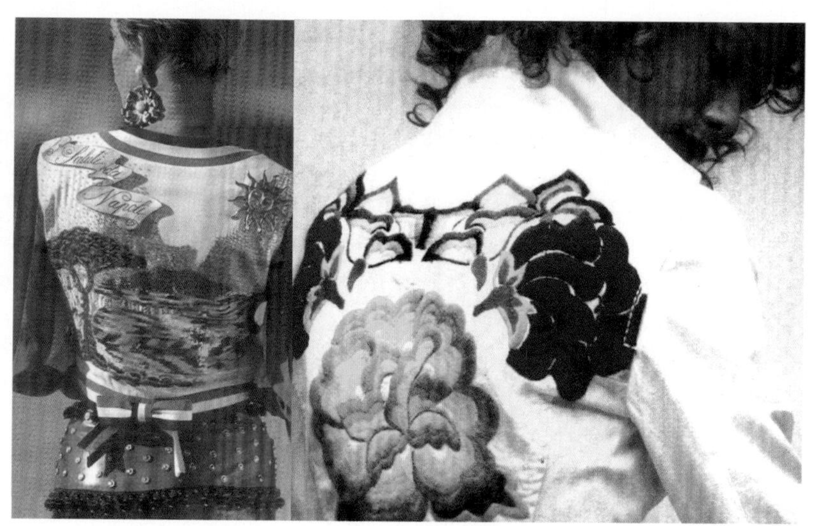

图 9–2　背部装饰

二、衣边装饰

衣边装饰包括领口、袖口、襟边、口袋边、裤脚边、体侧部、腰带、下摆等部位的装饰。在中国古代装饰中，除了织花、印花等满花形式外，其他装饰如刺绣图案，主要应用在袖口边、领边、袍子开衩的两边。长袍和长裙等款式，其图案装饰也多在前襟、腰带及下摆部位。从设计的角度讲，衣边装饰图案在色彩上与服装整体色调形成一定的反差，可增加服装的轮廓感、线条感，具有典雅、华丽、端庄的特点，可使服装款式结构特点更突出。衣边装饰图案的形象应尽可能精致、清晰。

在现代服饰图案设计中，领口和前襟部位图案应用较多，应注意其与其他部位的组合设计及与衣边装饰的呼应。衣服或裙子的下摆及裤口的装饰图案，由于处于服装的下半部，具有下沉的视觉效果，所以应当尽可能以轻松飘逸的图案为主，体侧、臀侧、裤侧等部位的图案，还可起到掩饰缺陷或勾勒形体的作用。所以，服饰图案设计应考虑着装者的体型特征，运用不同特点、风格的服饰图案来美化、修饰人体。此外，服饰图案设计还应与服装款式设计紧密结合，共同打造服饰的整体风格。对造型简洁的现代服饰而言，图案往往构成整个服装的设计焦点，其粗犷或精细的工艺、民族或现代的风格，决定了服饰的整体风格（图 9–3、图 9–4）。

图 9-3　衣边装饰（一）

图 9-4　衣边装饰（二）

三、满花装饰

满花装饰图案比较活泼，强调飘逸、洒脱，忌讳给人压抑的感觉。使用满花装饰图案应注意面料、设计元素、使用对象之间的有机联系，通过一定的艺术手法和分析综合，形成具有内在联系的设计整体（图 9-5、图 9-6）。

图 9-5　满花装饰（一）

图 9-6　满花装饰（二）

满花装饰图案在现代服饰设计中的运用要适度。过多的装饰不符合当代的生活节奏，满足不了人们对于简约、明快风格的需求；但是，服饰图案过于简单，又不足以使人们产生共鸣，容易给人一种贫乏无力的感觉。

四、局部装饰

局部装饰，即在服装的个别部位进行图案装饰处理，通过营造局部的效果形成整体的设计风格。服装的局部装饰可以通过小件饰品，如头巾、领带、鞋帽、围巾、手套、提包以及纽扣、皮带、首饰等服饰配件来完成。

服装的局部装饰必须与服装相配套、协调，装饰部位的确定可视设计者的需要而定。局部服装图案设计的关键在于装饰重心的确定和主从关系的处理。服装的装饰重心可以放在视觉的中心部位，以取得稳重、高雅的视觉效果；装饰重心若偏离视觉中心，可以得到新奇、大胆、前卫的外观。根据人体装饰部位的需要，图案的位置还可分为以下两种。

①突出性位置或醒目性位置。把图案放在人体较为突出抢眼的部位上，以提高服装的装饰效果，如领口、胸前、后背等（图 9–7）。

②遮蔽性位置。在人体较为隐蔽的地方进行图案装饰，如腰部、腋下等。这种装饰为服装增添了几分巧妙，表现一种含蓄美，随着人体的运动，图案会时隐时现（图 9–8）。

图 9–7　醒目装饰

图 9–8　隐蔽装饰

第二节　服饰类型与图案

一、职业装

职业装的功能在于适应某种工作性质的需要，把着装者带入某种工作状态，并向社会表明着装者处于一定的工作状态。一定职业装的穿戴，象征着相应的工作权利和责任。职业装蕴含着极强的提示性、界定性和公共性，它明确地向外界传达涉及工作性质、职能范围、岗位层级或职业理念等一系列信息，同时也对着装者形成必要的提醒和约束，以利于工作的正常进行。因此包括结构、款式、装饰和图案在内，职业装的整体形式品格通常侧重端庄肃穆、简洁明晰、平实敦厚。强调有别于日常散漫状态的紧张感和使命感（图 9–9）。

图 9–9　职业装图案

二、运动装

运动装的功能在于把着装者带入一种有别于正常工作和生活的运动状态，并向外界表示着装者的这种状态。对于职业运动员来说，运动装具有职业装的价值和某些相应的属性。而对普通人来说，它则是界定健身、娱乐、玩耍等特殊运动状态的特定装束形式。时尚生活中，也有人将运动装用作日常生活的休闲装，这种体现现代着装灵活性的行为，不但没有改变运动装作为功能类服装的规定性，反而体现了它的优势。

运动装要强调鲜明的运动感。相应地，其装饰图案和色彩也要以表现运动感为目的，因而运动装及其图案的色彩往往纯度、明度极高，对比度强，有较大的视觉冲击力。运动装图案的总体基调通常明朗、活泼、有力度感，装饰格局多为中心式或分割式。由于着运动装者多处在不停的运动中，故运动装图案大都简洁、明快，其图案形象一般以几何图案、抽象图案和标志性图案为主（图 9–10）。

图 9–10　运动装图案

三、休闲装

图 9-11　休闲装图案

休闲装是人们处在完全放松、闲散的状态下所穿的服装，呈现出一种轻松明快、丰富新颖、重材料质感、富有个性特征的基调。

从装饰角度看，图案在休闲装上的应用很多，而且常以块面、点缀或满花的形式出现。块面或点缀式图案，多装饰在服装的前胸、后背、袖部、腿部、腰部、前后摆、体侧、臂部等处。装饰格局也十分自由，对称的、平衡的、不平衡的、散点的均属常见。出于体现个性、强调休闲的需要，休闲装的图案题材内容相当广泛，表现形式和风格也多种多样，或夸张显赫，或细腻柔和，或轻松亮丽，或稚拙古朴，不尽一致。有时还在肌理的利用、材质的处理上大做文章，以求得新颖别致的效果。如果说休闲装的款式、结构设计及材料的选择多出于对着装者舒适、便捷、随意的考虑，那么休闲装的图案装饰则主要是为了满足人们在休闲状态中保持轻松心态、舒展个人情怀的需要（图 9-11）。

四、礼服

视频：服装类型与图案

礼服的一个最重要的功能，在于使穿着者在正式的礼仪场合既郑重又恰如其分地扮演自己的角色，向外界表明自己的身份、地位甚或所属国家、民族、宗教信仰等。另外，就礼仪本身而言，人们穿着礼服还具有渲染气氛、装点场面、烘托礼仪主题和中心人物的作用。

礼服具有严格的规范性，体现着被人们普遍接受、认同的礼仪着装标准。在各种礼仪、社交场合中，着装者对礼服的选择、穿戴甚至能体现出他的修养、气质和品格。因此，人们对礼服的要求极为苛刻讲究，在制作、选料、装饰上都不惜工本，竭力追求华丽、典雅、庄重、精致和合乎一般礼仪规范的效果。

鉴于上述特点，古典风格的礼服、用于社交场合的礼服，图案装饰一般较多，而当今的礼服，特别是正规礼仪场合的礼服，图案装饰一般较少（尤其是男礼服），有时仅仅是精致的点缀，有时则做块面或边缘的装饰处理。一般而言，无论哪种礼服，都力求体现一种庄重的稳定感。因此在装饰格局上，大多数礼服图案都呈对称或平衡式排布。为强调雍容华贵、沉稳端庄，礼服的装饰图案以立体的、多层次的形式居多，而且总是处于视觉中心的部位，如胸部、肩部、腰部、臀部、前襟、下摆等处。礼服图案装饰所具有的这种彰显、夸耀的意味，借助材质和做工上的考究而更为加强（图 9-12）。

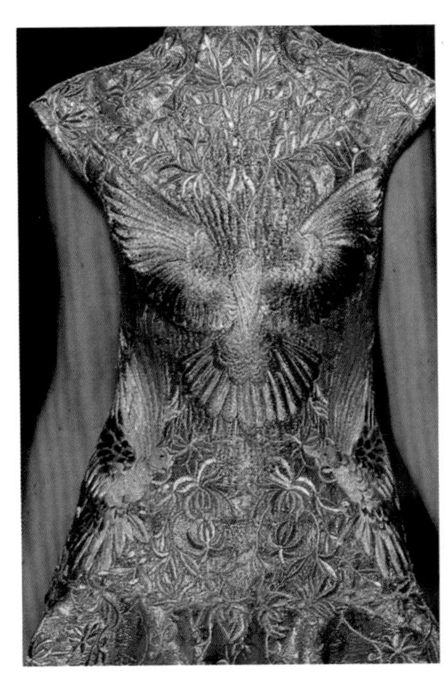

图 9-12　礼服图案

五、内衣

内衣与其他服装的最大区别在于它是穿在外衣里面的服装，一般不为外人所见。其主要功能在于满足穿着者保护皮肤、矫正体形、衬托外衣的需要。在特定的私密空间中又有着向最亲密的人展现魅力的功能。基于后一种功能，内衣虽不为外人所见，却不乏大量的图案装饰。女性内衣尤其如此。内衣图案的作用主要表现在两个方面：一是强调、突出所装饰的部位，就人体而言，如果说内衣起了遮挡作用，那么内衣上的图案则分明是为了炫耀；二是通过密集、复杂的装饰反衬出人体肌肤的柔润、光洁。内衣图案大多繁缛、华丽，制作精良，既能醒目突出、引导视线，又能与人体皮肤构成肌理质感上的互衬对比。内衣毕竟是贴身穿着的，它不但应在材料、款式结构上符合舒适卫生的要求，在视觉和视觉心理上也应给人以柔和贴体的感受。所以内衣图案在色彩的处理上往往比较单纯、和谐，纹样形象也比较细腻、秀丽，总体上体现出一种亲和朦胧的美感（图 9-13、图 9-14）。

图 9-13　内衣图案（一）

图 9-14　内衣图案（二）

第三节　不同图案类型在服饰中的应用

一、抽象图案在服饰中的应用

所谓抽象图案，是指不代表任何物象的几何图形、有机图形和随机图形等构成的造型图案，通常为纯点、线、面的构成形式，如蒙德里安的绘画等。

抽象图案最初都是具象的图形，随着时代的推移，装饰的规律日趋成熟，审美标准不断提高，具象图案不断被简化，最后形成抽象的图案符号。抽象图案能引起人们丰富的想象，有一种超越时空的观感，极善于表现现代的服装造型。几何抽象图案具有图案的典型意义和代表性，它不仅包含了图案变化、结构、形式的总体特征，而且奇妙地与其他艺术形式和艺术之外的科学思维、创造方式等有着内在联系，引起人们的广泛兴趣和注意（图 9-15、图 9-16）。

图 9-15　抽象图案（一）

图 9-16　抽象图案（二）

抽象图案设计多为针对性的设计，即针对某一特定服装所进行的设计。抽象主题图案没有固定的风格，而是在超现实主义中寻求心理的即兴表现力量，使之成为激发潜在想象力的一种手段。现代抽象派绘画或后现代的新表现主义绘画作品，都是设计师比较中意的抽象图案，这些绘画作品延伸出的服饰图案往往超凡怪异、中心形象突兀，恰当地运用其特点，则会产生强烈的视觉冲击力，使服装的整体效果更加丰富多彩。

首先，抽象图案被广泛应用在服装设计中，展现出的是一种抽象的装饰美，给人以超脱现实的想象，图案设计中抽象的成分越多，写意的成分也就越多。其次，抽象几何图案较容易与人体结合，人体是服装造型的依据，几何形的造型更适合人体体型特点。最后，抽象的几何图形容易变化，一个基本型可以组合变化出一系列图案，增强服装的整体感。另外，抽象图案可以赋予服装现代感，近几年有很多世界著名品牌都以抽象图案为设计元素，设计出了很多具有时代感的服装。

二、文字图案在服饰中的应用

文字图案是抽象图案的一种。在当今人们的服饰中，文字图案的应用很普遍，如外套、衬衫、裤子、T 恤衫、毛衫等，不管是男装、女装，还是童装，到处都能见到文字图案的装饰（图 9-17）。

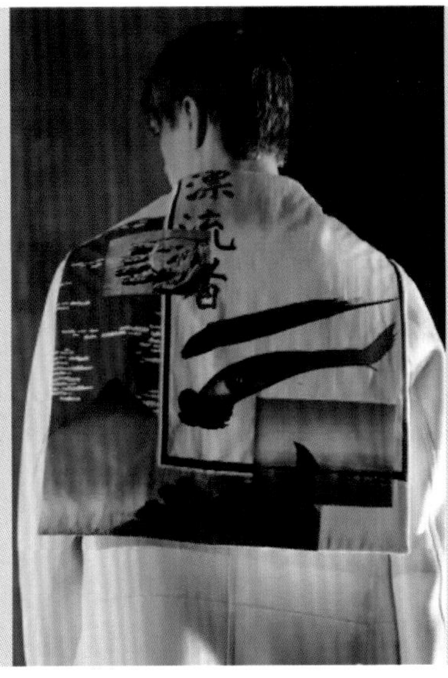

图 9-17　文字图案

1．文字图案的分类与特点

文字本身具有表意和传递信息的功能，经过变形处理的文字更具有强烈的图案装饰功能。服装上的文字图案根据其功能可大体分为两大类：一类是指意性的文字图案，另一类是装饰性的文字图案。

①指意性的文字图案，是指作为图案的文字除了一定的装饰功能外，主要传达一定的语言信息。这类文字图案大体保持了文字的本质功能，包含着特定的信息和明确的含义。这类文字多出现在商业广告、公益宣传。

②装饰性的文字图案，是利用文字的形式来达到装饰的目的。这类文字仅仅以其视觉形式参与服装形象的构造，文字图案本身并无太多的含义。这类图案往往是经过变形处理的文字。

文字图案的最大特点，就是其在服装应用中的多样性。在当今的中国服装中，文字图案已经突破了汉字一统天下的格局，呈多样性，有英文、法文、拉丁文、日文等外国文字图案。当今服装上的文字装饰多追求自由、奔放、随意甚至笨拙、怪异的风格，追求夸张、古旧、异域的特点，呈现淳朴、自然、个性化的倾向，每种文字都有自己独特的字体和结构。多样性的字体呈现各不相同的个性特点，如正体端正严谨，草体潇洒，变体活泼，大写字母壮美，小写字母秀丽，即使同一种字体或同一种文字也可以通过变形处理而呈现出无穷的形态。

2．文字图案在服装上的应用

文字图案在服装中的应用范围十分广泛，没有年龄与性别的要求，主要应用在老年服装、青年服装、少年服装及儿童服装上。不同风格的文字图案设计，在不同的人群中都有广泛应用。

①老年人沉着、稳健，有一定的生活经历和岁月的烙痕，那些古朴、艰涩的带有历史与沧桑感的文字图案在老年人的着装中经常会出现。

②青年人十分注重个性，能接受新鲜事物，他们通常会选择个性鲜明的带有文字图案设计的服装，因此，那些奇特的具有异域情调的文字图案或文字与猛兽组合的图案是常见的设计素材。

③少年有强烈的叛逆和扮酷心理，为突出显示个性，经常选择那些怪异、宣泄个人情绪的词句或文字图案作为宣扬其个性的体裁。通过这些文字图案可以向成年人展示他们被忽视的情趣和心声。

④儿童对世界充满好奇，求知欲和接受能力较强，采用文字图案显得更加活泼而有意义，如运用色彩鲜艳的汉语拼音、英文字母、阿拉伯数字等，能对学龄前和在学儿童起到一定的引导作用，给服装增添一份特有的情趣。

三、格子图案在服饰中的应用

格子图案以横纵两组平行线相交形成“井”字结构，这种结构可以认为是四方连续的最基本结构形态。格子图案是直线的集合体，应用性广且容易把握，既是非常传统的图案类型，也是现代服装设计的重要元素之一（图 9-18）。

图 9-18　格子图案

四、条纹图案在服饰中的应用

条纹是一种最基本的几何图案，是最具再创造性和再设计性的几何图案。条纹之美在于它的简洁、理性、规则、秩序及可重组性（图 9-19）。

条纹面料本身就是图案。在用条纹面料设计服装时应区别于单色面料的设计思维。首先条纹在设计时应遵循图案面料在服装中的设计原则：其一，当以图案为设计主题时，设计应突出图案本来风格、尽量不去破坏图案的整体设计思想；其二，考虑服装款式的构成、材料的选择、色彩的运用等因素，这些因素都应围绕突出图案个性表现，并促进图案与服装的整体协调。

图 9-19　条纹图案

五、镂空图案在服饰中的应用

镂空图案，是指在完整的面料上，根据设计挖去部分面料，形成通透的效果，由镂空部分构成的图案形式（图 9-20）。

具体地讲，镂空的方法有很多种。目前，激光裁剪是比较常用的镂空方法，它能使合成纤维面料的裁边在镂空过程中热熔融，从而避免镂空边缘的脱散。此外，还可以采用烧洞、镂空边缘拉毛、化学药品蚀刻等方法，制造出表面呈现灼伤镂空的图案效果。常用的机织或针织服装面料，一般可以采用锁边和打气眼的方式，对镂空边缘进行处理，避免镂空后边缘脱散；针织横机产品在编织过程中，可通过改变针法、针数来形成镂空图案；皮革和裘皮材料的材质挺括，具有良好的强度，可以直接雕刻镂空。

图 9-20　镂空图案

六、立体图案在服饰中的应用

在服装设计中，立体装饰图案的运用表现为两种形式，或者说有两种理解：即服装造型是立体的图案设计（图 9-21）；应用在服装中的立体装饰图案则是平面图案的立体化（图 9-22）。作为服装的造型设计，设计师是把它作为一幅立体的图案在构思和勾画。整体的布局、部件的设计、色彩纹样、面料、结构与工艺设计都是为了达到这幅图案的整体美的效果。

服装立体图案的塑造是在三维空间中思考图案装饰美的结果。立体装饰图案运用在时装上使服装的造型更加完美，服装本身就是立体的，无论什么样的平面装饰图案最终都要立体化。但是，立体的服装装饰图案离不开平面图案的设计基础，无论是形式美原理还是组织原则，无论是图案的造型还是造意手法，无论是构图还是色彩，立体图案都可以从平面图案中得到借鉴。

在服装设计中运用立体装饰图案，是平面图案的立体化设计，比如，我们画出各种各样的喇叭花外形，然后在各种不同形状的喇叭花平面图中获取灵感，而设计出喇叭花形状的女裙装。还有鱼尾裙、蝙蝠衫、荷叶领、蝴蝶结、燕尾服等，都是设计师从自然界中的具体形象中汲取灵感，结合服装的要求，创作出来的服装造型。它们既保留了自然物象的基本特征，又适合人体体型的特殊需要，既考虑了服装与自然物的神似，又考虑了服装的造意作用，以风格、情感、意境等塑造服装。

图 9-21 图案立体化

图 9-22 造型立体化

视频：不同图案类型在服饰中的应用

思考与训练

1. 查找和收集各类服饰图案，进行整理和归类。
2. 运用 PowerPoint 软件完成服饰图案设计分析报告。

案例赏析一：图案应用案例赏析

案例赏析二：图案应用案例赏析

REFERENCES

参考文献

[1] 雷圭元. 图案基础［M］. 北京：人民美术出版社，1963.

[2] 石裕纯，等. 服饰图案设计［M］. 北京：纺织工业出版社，1991.

[3] 张道一. 中国图案大系［M］. 济南：山东美术出版社，1993.

[4] 徐雯. 服饰图案［M］. 北京：中国纺织出版社，2000.

[5] 王鸣. 服装图案设计［M］. 沈阳：辽宁科学技术出版社，2005.

[6] 马大力. 新编服装色彩与图案设计实用问答［M］. 北京：化学工业出版社，2008.

[7] 陈建辉. 服饰图案设计与应用［M］. 北京：中国纺织出版社，2006.

[8] 汪芳. 服饰图案设计［M］. 上海：上海人民美术出版社，2007.

[9] 孙世圃. 服饰图案设计［M］. 北京：中国纺织出版社，2000.

[10] 雍自鸿. 染织设计基础［M］. 北京：中国纺织出版社，2008.

[11]［日］城一夫. 西方染织纹样史［M］. 孙基亮，译. 北京：中国纺织出版社，2001.